JN133095

イラストでわかるパソコンのしくみ

オールカラー図解

かんたんパソコン入門

丹羽信夫／著
Kaoru Walker／イラスト

改訂7版

技術評論社

はじめに

1995年に本書の初版が発行されて以来、今回で6回目の改訂です。改訂の狙いは、最新のパソコン事情に対応できるようにすることです。

改訂のたびに、全体の構成を見直し、解説を見直し、新しい項目を追加し、古くなった内容を削除し、内容を充実させてきました。そのおかげでしょうか、個人で読まれる以外にも、授業、研修会、講習会などで、テキストとして採用されることが増えました。

さて、この本はパソコンについて、パソコンの中身からしっかりと理解するための本です。読者の皆さんは、ハードウェアからパソコンを知り、ソフトウェアからパソコンを知り、インターネットとパソコンの関係を知り、パソコンの文化的·歴史的な面を知ることで、現代のパソコンを理解することができるでしょう。パソコンを中身から理解すると、パソコンをよりよく使いこなすことができるはずです。

本書はまた、著者の生きた証しでもあります。読者の皆さんのお役に立てるよう、長い年月をかけて本書を鍛え、育ててきました。今、著者の胸の中は、できるだけのことをやったのだという充実感でいっぱいです。

2018年12月　丹羽信夫

かんたんパソコン入門

CONTENTS

PART 1

パソコンて何だろう?

PART 2

パソコンのハードウェアを理解する

PART 3

ソフトウェアを知る

PART 4

インターネットの世界

PART

1 パソコンて何だろう?

パソコンやインターネットは生活必需品。
使ってあたりまえの時代です。
でも、わからないことはたくさん。
誰もが使う今だからこそ、
パソコンについて
あらためて考えてみましょう。

handle
th CA

パソコンはどんな機械?

あなたはパソコンという言葉を聞いて、何をイメージするでしょうか? パソコンとは「パーソナルコンピューター」を略した言葉であり、文字どおり「個人のコンピューター」という意味です。まずは、パソコンは何のためにあるのかを考えてみましょう。

パソコンとは

あなたは**パソコン**とどう付き合っていますか?「仕事でバリバリ使っている」とか、「自分のブログを書いている」とか、「写真や動画、音楽を楽しんでいる」とか、「ネットでの調べ物に使っている」とか、「仲間との交流に使っている」など、人によって実にさまざまでしょう。

個人のコンピューター=パーソナルコンピューター=パソコンが生まれたのは1970年代の話です。20世紀の中ごろに登場したコンピューターは、今やありふれた存在になりました。パソコンの中心的機能は小さなICチップに凝縮され、炊飯器、冷蔵庫、携帯電話、車、その他ありとあらゆる工業製品に組み込まれています。

日常生活にこれだけコンピューターが溶け込んでも、パソコンは相変わらず存在しています。しかし、その性能、使い勝手、利用のされ方、デザイン、機能、価格などは大きく変わりました。また、存在意義も大きく変わりました。

便利な機械から創造の道具に

パソコンが登場したとき、最大の利点は「手作業だと大変なことが、パソコンを使うと楽にできる」ことでした。当時のパソコンは、与えられた作業を機械的に実行するだけの存在だったのです。パソコンが登場したころから存在する、ワープロ、表計算、データベースなどのソフトウェアは、**作業の効率を向上させる**ことが目的でした。

その後、パソコンの性能は向上し、音楽や絵、映像など、文字以外の「感性」の情報も扱えるようになりました。パソコンがない時代は高価な設備や機器がないと扱えなかった創作物が、パソコンで手軽に制作、編集、再生できるようになりました。パソコンは人間の**創造性を広げる**道具としても役立つようになったのです。

個人が世界中の人々と情報を共有できる

インターネットが日本に普及し始めたのは1995年ごろです。それ以前と以降とで、パソコンの価値はまったく変わったといってもよいでしょう。パソコンは人が**情報を共有する**ための道具となったのです。

どんなに役立つ情報や素晴らしい作品も、1台のパソコンの中にあるだけでは、ほかの人は見ることはできません。しかし、インターネットに接続してその作品を公開すると、世界中の誰でも、いつでも、どこでも、自由に触れることができます。

インターネットの出現以前、情報を伝えるのは新聞やテレビといったマスメディアに限られ、ふつうの人が全国規模で意見や作品を発表する手段はほとんどありませんでした。インターネットはそれを可能にする場となったのです。

インターネットは社会の基盤

社会もインターネットを前提として、より便利に生活ができるようなしくみが考えられ、整えられました。必要な情報を瞬時に探せる検索サービスが生まれ、家にいながらにして買い物ができるようになり、遠く離れた国にいる人ともいっしょに仕事ができます。インターネットは、仕事を円滑に進め、私生活を充実させることに役立ち、個人の生き方まで左右する存在になりました。

パソコンは広く普及して価格も下がり、ありふれた日用品になりました。一方で、携帯電話、スマートフォン、携帯音楽プレーヤー、ゲーム機など、手軽にインターネットにつなげる機器が増え、パソコンがなくてもインターネットを利用できるようになりました。

人とともに成長するパソコン

とはいえ、パソコンのパワフルな処理能力と、使い道を制約されない柔軟性は、ほかの機器よりも優れています。パソコンの特長は、使う人の意思によって限りない可能性を秘めていることです。だからこそ、パソコンはいつも人のそばにあるのです。人間のやりたいことは、いつになっても尽きることはありません。人それぞれの願いを高度に実現するための優秀なパートナー、それがパソコンなのです。

パソコンのよいところ

パソコンを使うことの利点をまとめます。

❶ 人手でやると非常に面倒なことを、楽に、正確に、速く処理してくれる

1,000枚のハガキにあて名を書いたり、巨大な集計表の縦横を集計するなどが、パソコンを使えば1人でもできます。計算や処理も速くて正確です。

❷ 何度でもやり直すことができる

パソコンなら、文章の書き直しを何度でも行うことができます。絵を何度でも描き直せます。英会話の発音を何度でも反復させることができます。

❸ 以前に作ったデータを再利用できる

以前に描いた絵のデータを引っぱり出してきて手を加え、別の目的に使い回すことができます。市販や無料のデータ集をもとに、自分なりの手を加えて、見栄えのよい文書や絵のデータを手軽に作ることができます。

❹ 技術や知識が不足しているぶんを補ってくれる

楽器が弾けなくても音楽の演奏ができ、音楽理論を知らなくても作曲ができます。絵を描くのが下手でも、頭の中のイメージを精緻なCGにすることができます。数値分析が苦手でも、グラフを見ながら投資の戦略を立てることができます。

❺ 実際に経験できないことを疑似体験できる

飛行機やF1マシンを操縦したり、仮想の三次元世界の中で違う人格を演じたり、世界中の見知らぬ街を歩いてみたり、宇宙や上空から地球上の場所を見下ろしたり、海底探検したりできます。

❻ インターネットを最大限に活用できる

大量の情報を一覧表示して比較したり、いくつものウェブページを見ながらIP電話で話をしたりできます。パソコンの広い画面、高速な処理、大きな記憶容量は、インターネットの無限の機能をフルに利用するのに適しています。

パソコンが処理できるのはデジタルデータ

データには「アナログデータ」と「デジタルデータ」の2種類があります。パソコンが処理できるのはデジタルデータだけなので、パソコンでアナログの情報を扱うにはデジタル化する必要があります。デジタルとアナログ、2つのデータはどこが違うのでしょうか?

デジタルであること

デジタル(Digital)とは、英語で「数字で表した」という意味です。デジタルデータとは「数字で表された情報」ということになります。

そもそもコンピューター(Computer)は計算機です。計算するものといえば「数」です。コンピューターは数を計算することしかできないのです。

数の計算しかできないコンピューターが、どうして文字や絵や音楽を扱うことができるのでしょう。答えはかんたんです。文字や絵や音楽といった情報を、コンピューターが扱えるように数値に変えてしまえばよいのです。すなわち、デジタル化とは情報を数値化することなのです。

アナログとは

時刻を数値で表示するデジタル時計に対して、針の角度で時刻を表す時計をアナログ時計といいます。音を数値で記録するCD(デジタル)に対して、音の振動を媒体に直接刻む形式のレコードをアナログディスクといいます。

アナログ(Analog)はデジタルの対語として使われますが、英語で「類似」という意味があります。数学などでは「連続量」という意味に使われます。

世の中にある情報は、実はほとんどが連続的なものです。たとえば時間では、10時10分10秒の次は、10時10分11秒ではありません。人間が時間に1秒という単位を決めただけで、時間は切れ目なく続いています。

1秒は100でも、1万でも、1億でも割ることができます。どんなに小さく分割しても、さらに短い時間が必ず存在します。このように切れ目なく続いていて、無限の情報を持つもの、それがアナログです。

アナログデータをデジタルデータに変換する

情報として連続した量であるアナログデータを数値化して、パソコンで扱えるデジタルデータにするには、どうすればよいのでしょう。それには適当な単位を決め、単位ごとに情報を切り分けて記録します。

音の例で説明しましょう。音をマイクに通すと電気的エネルギーになります。この段階ではアナログデータです。次にその電気的エネルギーを、1秒の何十万分の1というごく短い時間ごとに、一定の目盛りを付けて計測します。その数値を単位時間ごとに記録していきます。これが音楽のデジタル化の方法で、**PCM**と呼ばれます。音楽CDにも使われている技術です。

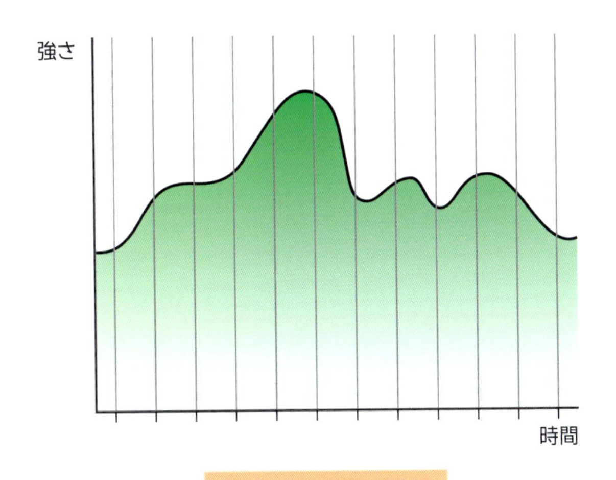

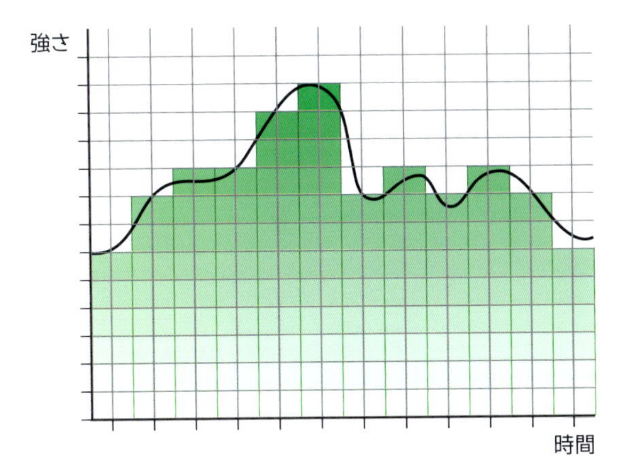

アナログからデジタルへの変換

アナログデータをデジタル化すると、単位量未満の変化は切り捨てられるので、必要な情報まで欠落するように思えますが、必ずしもそうではありません。切り分ける単位を十分小さくとると、人間の感覚ではもとの情報と区別がつかなくなるからです。

音の例では、CDに使われている録音方法は、約44万分の1秒の単位で切り分けた音の情報を約6万5千段階に数値化して記録しています。再生される音と原音との差は、人間の耳ではほとんど感じとることはできません。

デジタルデータの特長

❶ 劣化しない

アナログデータは、時間の経過やコピーによって劣化します。デジタルデータは数値として保存されているので、時間が経っても劣化せず、繰り返しコピーしてももとのデータと変わりません。コピーのしやすさはデジタルデータのメリットですが、反面、著作権を無視した違法コピーや海賊版を作られやすいというデメリットもあります。

❷ ノイズ(雑音)に強い

アナログデータの再生品質は、再生条件に大きく左右されたり、雑音の影響を強く受けたりします。デジタルデータは、数値さえ正しく伝わればよいので、雑音などの影響を受けにくく、低コストでも鮮明で高品質な再生が可能です。

※ただし、デジタルデータを構成する数値が正しく伝わらない場合は、情報が欠落したり、異常な情報が伝達されたりします。

❸ 加工しやすい

音楽や映像をアナログ機器で上手に取り扱うには、それなりの経験が必要です。デジタルなら、情報を単純に数値として扱え、画面上で視覚化もできるので、処理しやすくなります。

❹ インターネットで使える

アナログデータを広範囲に伝達させるには、テレビやラジオ、電話といった専用の機器、放送局のような専用の設備が必要です。デジタルデータは、手軽にインターネットを通じて世界中に流すことができます。

ビットやバイトはどんな単位?

「ビット」と「バイト」はデジタルデータの量を表す単位です。ビットとバイトはメモリの容量、ハードディスク・SSD・光学メディアの記憶容量を表す際に使われます。また「毎秒○ギガビット」というように、通信やデータ転送の速度を表す際にも使われます。

ビット(bit)

ビットは、パソコンが扱うデータ量を表す単位のうちで一番小さなものです。1ビットは、2進数のひと桁を表します。1ビットで、オンかオフ、1か0のように、2種類のデータを表すことができます。

2ビットならば、オン／オフ2通りの動作をするスイッチを2つ並べたのと同じ考え方で、4通りの組み合わせがあり、4種類(2の2乗)のデータを表すことができます。16ビットはスイッチが16個になり、2の16乗=65,536通りのデータを表すことができます。32ビットは2の32乗でおよそ43億(4,294,967,296)通り、64ビットになると2の64乗でおよそ1844京(18,446,744,073,709,551,616)通りものデータを表すことができます。

バイト(byte)

1**バイト**は、ビットを8つ並べたデータ量です。つまり、1バイト=8ビットです。1バイトは2進数で8桁の数になり、各桁に0または1を割り当てると、256通り(2の8乗)のデータを表すことができます。

英字のアルファベットは大小文字に数字や一部の記号を加えても256字以下で収まるので、1バイトあればアルファベット1文字を表すことができます。つまり、アルファベット1文字=1バイトです。

漢字は英字よりはるかに字数が多いため、256文字では収まりません。漢字を表現するには、最低でも2バイトを使います。2バイト使うと、65,536種類(2バイト=16ビット=2の16乗)の漢字を表わすことができます。つまり、漢字1文字=2バイトです。

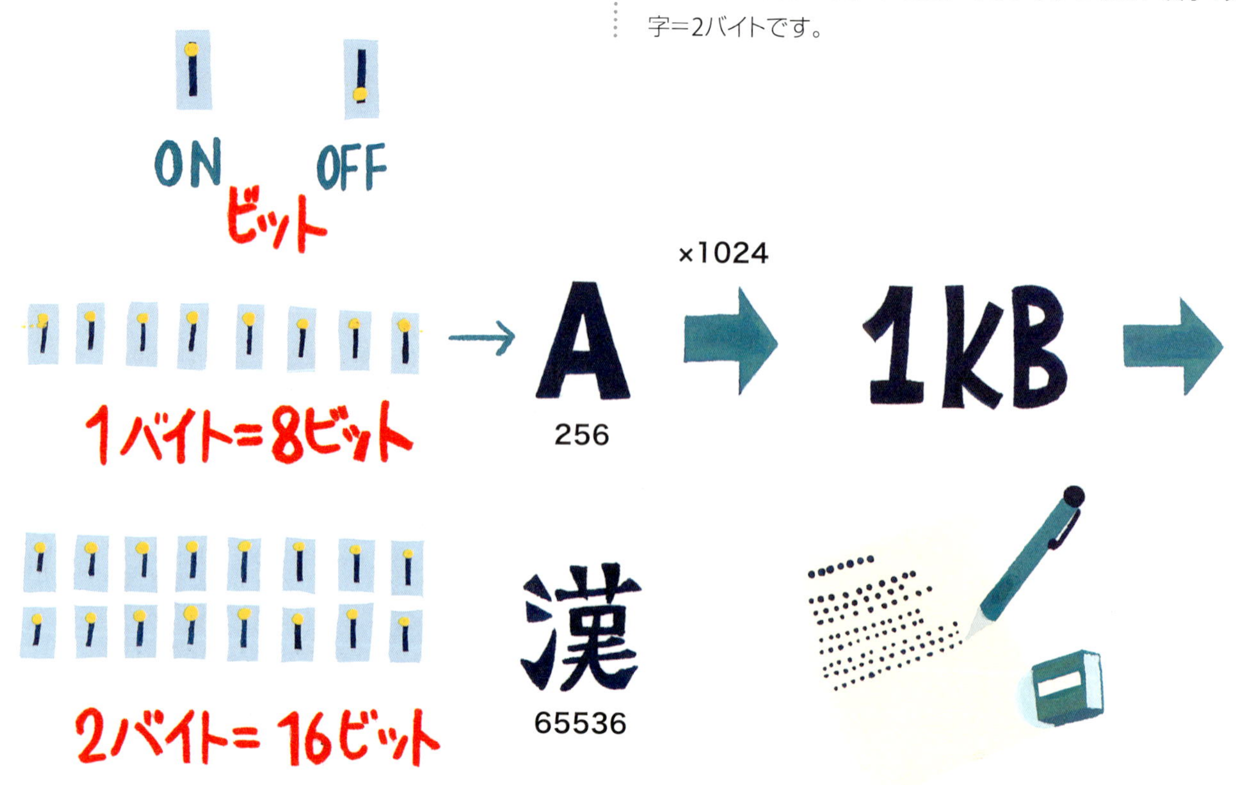

キロバイト(KB)

1メートルの1,000倍を1キロメートルといいますが、バイトの場合は、2の10乗(=1,024)集まると1**キロバイト**になります。1キロバイトは1KBと略記されます。1キロバイトはアルファベットに換算すると1,024文字分のデータ量で、漢字なら512文字分です。

メガバイト(MB)

1キロバイトのさらに1,024倍を1**メガバイト**といいます。1メガバイト=1,024キロバイト=1,048,576バイトです。略して「1メガ」ともいい、1MBと略記されます。

1メガバイトはアルファベット104万8,576字ぶんのデータ量です。漢字に換算すると約52万文字で、単行本にすると3、4冊分の文字情報を記録することができます。

メガバイトは次のギガバイトとともに、ファイルの大きさやメモリの記憶容量の単位としてよく使われます。画像・音声のデータはメガバイト級のサイズになります。音楽CDで1曲(5分間の場合)のデータ量は50メガバイト程度、CD1枚の容量は650メガバイトです。

ギガバイト(GB)

1,024メガバイトを1**ギガバイト**といいます。略して「1ギガ」ともいい、1GBと略記します。

1ギガバイトはおよそ10億バイトです。文字情報なら、単行本にすると3千～4千冊分に相当するかなり大規模なデータ量です。

画像・音声・動画のデータはギガバイト級のサイズになります。ギガバイトはハードディスク・SSDの記憶容量の単位としてよく使われます。DVDもギガバイト単位のディスクです。

テラバイト(TB)

1ギガバイトの1,024倍、1,024ギガバイトを1**テラバイト**といいます。略して「1テラ」ともいい、1TBと略記します。

1テラバイトはおよそ1兆バイトで、DVDで200枚以上分あり、大容量の画像・音声・動画のデータでもかなりの数を保存することができます。今では、1テラバイトを超える記憶装置も手ごろな価格で入手できます。このように、パソコンが処理するデータ量は増大する一方です。

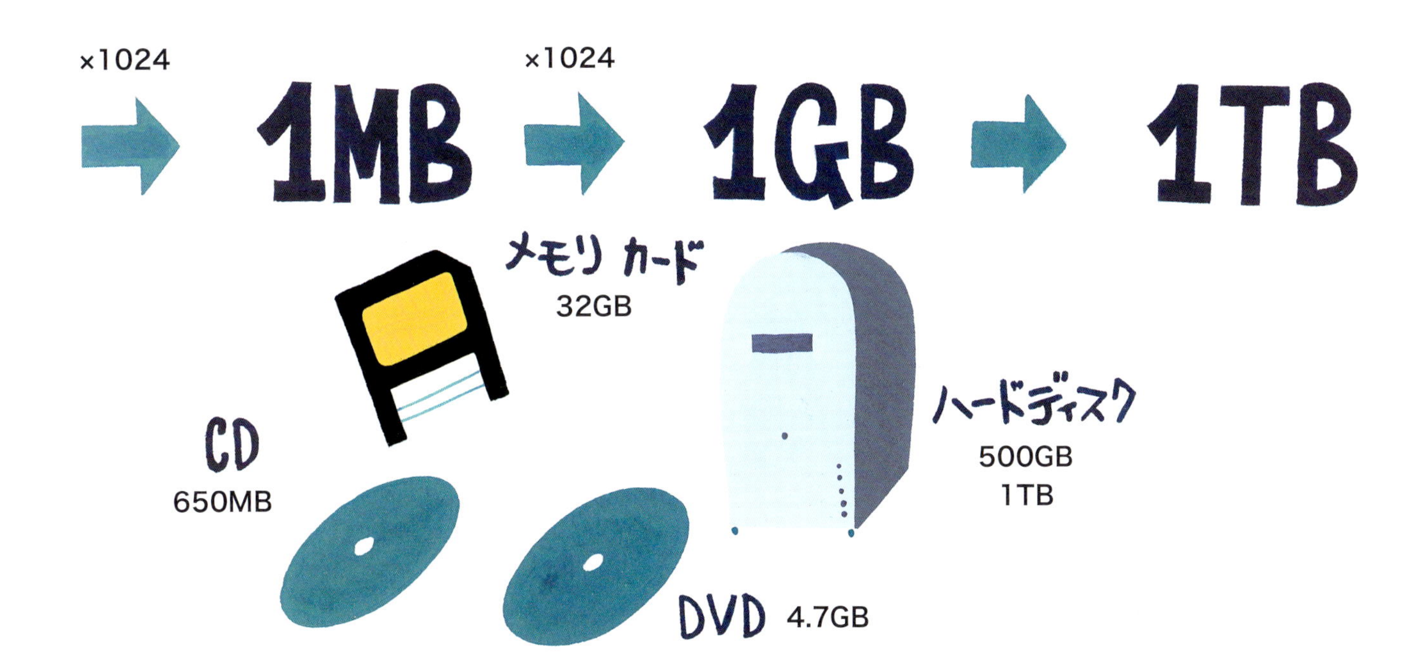

ハードウェアとソフトウェアはどう違う?

ハードウェア (Hardware) とソフトウェア (Software) は、パソコンを理解するうえで重要な言葉です。ハードウェアは「ハード」、ソフトウェアは「ソフト」と略して呼ばれることもあります。ハードウェアとソフトウェアは単独では機能せず、両者がそろってはじめて利用できます。

レンタルDVDを楽しむためのハードウェアとソフトウェア

DVDをレンタルして映画を見る例で説明しましょう。借りてきたDVDを家のDVDプレーヤーに入れて、再生することで映画を鑑賞できます。この例では、DVDプレーヤーが**ハードウェア**、DVDに収録されている映画が**ソフトウェア**です。

見たい映画がない、映画の内容がつまらないというのでは、DVDプレーヤーがあっても楽しめません。逆に、高画質のBlu-rayソフトを借りても、Blu-rayプレーヤーがないと視聴できません。ハードウェアとソフトウェアがそろってはじめて目的が達成できるようになり、そのためお互いに重要な存在なのです。

それでは、なぜハードウェアとソフトウェアが分かれているのでしょうか。DVDの場合、レンタルしてくれば別の映画を見ることができます。同じハードウェアのままで、ソフトウェアを入れ替えれば別の楽しみを味わえます。これは重要な利点です。

パソコンのハードウェアとソフトウェア

パソコンのハードウェアとソフトウェアについても同じです。パソコンのハードウェアとは、本体やディスプレイ、メモリ、ハードディスク·SSDなどの機器のことです。ソフトウェアはウィンドウズなどの基本ソフト、ワープロや表計算などのアプリケーション、音楽や画像などのデータのことです。

レンタルDVDの例と同じように、パソコンのハードウェアとソフトウェアが分離しているおかげで、ビジネスから趣味まで、いろいろなソフトウェアを利用できます。同じ目的でも、より使いやすいソフトウェアに入れ替えることで、作業の能率を上げることもできます。

DVDプレーヤーで再生できるのはDVDソフトのみですが、パソコンのソフトウェアはOSから目的別のアプリケーションまで幅広くあり、すべて入れ替えできます。これはパソコンの大きな特長です。

ソフトウェアと容器(メディア)

ソフトウェアの実体は容器ではなく、中身の情報です。DVDの例では、ソフトウェアは映画(映像と音声の記録)で、DVDはそれを保存する容器(メディア)に過ぎません。

映画の再生に関していうと、DVDというメディアが必ずしも必要とはいえません。たとえば、インターネットで映画をダウンロードして、パソコンで鑑賞することも可能です。

また、音楽ソフトのメディアはCDが一般的ですが、音楽データをダウンロードして、携帯プレーヤーやスマートフォンで聴く人が増えています。パソコンのソフトウェアも、製品パッケージがないダウンロード販売が普通になっています。

情報のデジタル化が進むことで、このようにソフトウェアとメディアが一対一の関係ではなくなっています。

COLUMN

ハードウェアを生かすのは優秀なソフトウェア

日常生活でごくあたりまえに行っていることも、ハードウェアとソフトウェアに分けて考えることができます。

たとえば、キッチンはハードウェアです。食材、料理のレシピ、調理人の技術はソフトウェアです。この場合、ハードウェアとしてのキッチンも重要ですが、おいしい料理を作れるかどうかは、ソフトウェアである食材、レシピ、調理人の腕前にかかっているところが大きいと考えられます。

そう考えると、ハードウェアとソフトウェアはどちらも重要ですが、よりよい成果を得られるか否かは、ソフトウェアの完成度にかかっているといえるかもしれません。

HARD ハードウェア (硬い…機械、装置、建造物)	パソコン 音楽プレーヤー DVDプレーヤー ゲームマシン

SOFT ソフトウェア (柔らかい…情報、プログラム、データ、活用方法)	ワープロなどのプログラムや文字や画像などのデータ ダウンロードした音楽データ DVDに記録された映画など 演奏される音楽や曲目

Hard

COMPUTER SET

DATA

MUSIC PLAYER

MUSIC

DVD PLAYER

MOVIE

GAME MACHINE

GAME PROGRAM DATA

PART 2 パソコンのハードウェアを理解する

パソコンにはどんな種類があり、それぞれの種類には、
どんな特徴があるのでしょう。
パソコンの中身はどうなっているのでしょう。
パソコンの性能はどんな点に注意すればわかるのでしょう。
パソコンに接続する周辺機器にはどんなものがあるのでしょう。

DVD

家で使うデスクトップパソコン

デスクトップパソコンは決まった場所に置いて使うことを前提に作られた、据え置き型のパソコンです。性能、価格、本体のサイズなどの違いにより、選択の幅が広いのが特長です。デスクトップパソコンは拡張性が高く、パーツを交換することで長い期間使える可能性があります。

デスクトップパソコンの特長

デスクトップパソコンはパソコンが世に出たころからある形態で、ユーザーが決めた場所に据え置きで使用するタイプのパソコンです。「デスクトップ」(Desktop)は**机の上**という意味です。以前は四角い箱型の製品がほとんどでしたが、円筒型やスリムタイプなど、近年はデザインに凝った製品も登場しています。

市販されているデスクトップパソコンのサイズは、幅20センチメートル×高さ40センチメートル×奥行き50センチメートルくらいのタワー型のものから、手のひらに載る小型のものまでさまざまです。サイズのほか、デザイン、性能、消費電力、価格などの違いにより、製品の選択肢は豊富です。

ノートパソコン(→20ページ)やタブレットPC(→22ページ)と違い、デスクトップパソコンは携帯性や省電力性を追求する必要がそれほどありません。そのぶんのコストを高性能のCPU(→30ページ)や大容量のメモリ(→34ページ)に回すことができるのが利点です。

周辺機器と組み合わせて構成する

デスクトップパソコンの構成は、本体+ディスプレイ+キーボード+マウスをセットにするのが基本です。用途によっては、プリンター(→60ページ)やスキャナー、スピーカーなどの周辺機器を接続して使います。本体以外の周辺機器は、ユーザーが希望するものを納得できるレベルで組み合わせることができます。

デスクトップパソコンの選び方

パソコンを購入する際、パソコンの用途や使用目的を絞っていると製品を選びやすくなります。

たとえば、大画面で利用したい場合は、画面サイズが固

定のノートパソコンではなく、自由にディスプレイを組み合わせられるデスクトップパソコンを選ぶべきです。また、長時間の動画編集や高速な3D表示のゲームを楽しみたいのであれば、より高性能のパソコンが必要です。この場合も高速なCPU、大容量のメモリとハードディスク・SSDを搭載したデスクトップパソコンを選択すると有利です。

一方、ウェブサイトの閲覧やメール、一般的な事務での利用が中心であるなら、Pentium（ペンティアム）やCeleron（セレロン）などの廉価なCPUを搭載したデスクトップパソコンでも十分です。

拡張性が高い

拡張性が高いこともデスクトップパソコンの利点です。拡張性が高いパソコンは、パーツの交換や増設によって弱点を補強したり、改善したりできるため、長期にわたって使い続けることができます。

たとえば、高性能のビデオカード（→40ページ）と交換して描画性能を改善したり、メモリやハードディスク・SSDを高速で大容量のものに交換・増設したりできます。USB（→64ページ）やブルートゥース（→73ページ）を使って、周辺機器を接続することによる拡張もできます。

なお、自分でパーツの交換や増設をすると、通常はメーカーの保証の対象外になるため、あくまで自己責任になります。また、コンパクトなデスクトップパソコンの中には、拡張性がほとんどない機種もあります。

パーツを組み合わせるBTOの魅力

デスクトップパソコンの中には、用意された選択肢の中からユーザーがパーツを選択する**BTO**（ビーティーオー=Build To Order）という購入方法が可能な機種があります。BTOのパーツの組み合わせを変えることで、性能を重視して予算をかけることも、コストを重視して最低限の装備にすることもできます。

COLUMN

ゲーミングPC

実写レベルの美しい画面がプレーヤーの動作に反応してリアルタイムに表示される…最近のパソコンゲームの映像には目を見張ります。このような3Dゲームの映像をもたつくことなく表示できるパソコンを**ゲーミングPC**と呼ぶことがあります。

一般の事務用途のパソコンと違い、ゲーミングPCはCore i7やCore i9などの強力なCPUとビデオカード（GPU）を装備し、メモリも8～16ギガバイトと多めに搭載されています。また、十分な冷却性能も確保されています。

持ち運びしやすいノートパソコン

ノートパソコンは軽く、場所を取らず、好きな場所に持ち歩いて使うことができます。ディスプレイ、キーボード、タッチパッドなど、必要な機器が一体化されています。近年はデスクトップパソコンより、ノートパソコンのほうがよく使われるようになりました。

必要な機器が一体化している

デスクトップパソコンは本体以外にいろいろな機器が必要で、コンセントがない場所では使用できません。一方、**ノートパソコン**はキーボード、ディスプレイ、タッチパッドなど最低限の必要な機器が一体化されているため、本体のみで使えます。本体にバッテリーを内蔵しているので、コンセントがない場所でも利用できます。

小型で軽量、場所の制約を受けない

ノートパソコンの最大の特長は小型で軽量であることです。ノートパソコンを持ち運び、移動先で開いて仕事の続きをして、終わったら閉じてカバンの中にしまっておくなど、場所に縛られずに利用できます。

サイズや重さ

ノートパソコンのサイズの表し方は2つあります。1つはA4やB5など、本体の底面積を書籍の版型で表す方法です。もう1つは12インチや15インチなど、画面のサイズで表す方法です。画面のサイズは、ディスプレイの対角線の長さをインチ（1インチ=2.54センチメートル）で表します。

COLUMN

CPUの冷却ファンの音は気になる?

CPUは動作すると発熱します。高温はCPUの動作に悪い影響を与えるので、パソコンは内部の温度が上がりすぎないように設計されています。

ほとんどのパソコンは、CPUの温度を下げるために空調ファンを使っています。床に置いて使うデスクトップパソコンでは、ファンの音は耳を澄ますと聞こえる程度ですが、ノートパソコンは手元に置いて使うため、機種によってはファンの音が気になる場合もあります。

ファンを使わないファンレスPCもあります。タブレットは低消費電力のCPUを使っているのでファンレスです。

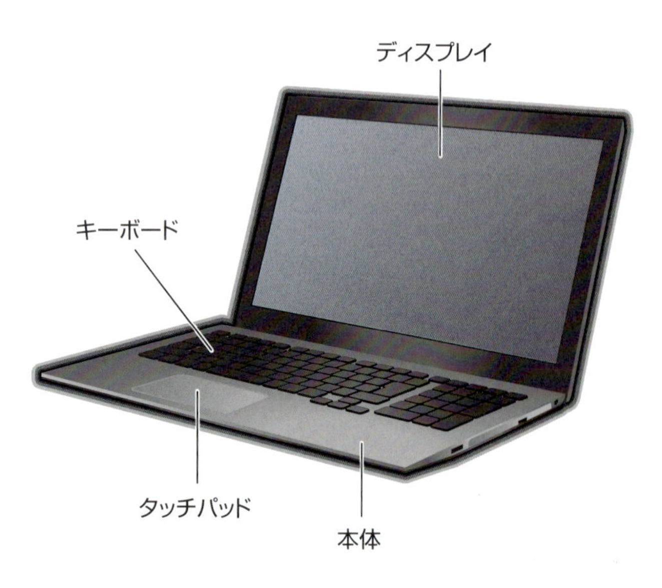

重さについては、携帯性を重視した1キログラム以下の機種もある一方で、性能を重視した2キログラムを超える機種もあり、開発方針によりさまざまな製品があります。

拡張性は限定的

デスクトップパソコンと違い、ノートパソコンの本体にはほとんど拡張性がありません。一部の機種でメモリの追加や交換ができるくらいです。

周辺機器はUSBで接続するか、ブルートゥースを利用して無線接続します。ノートパソコンを購入する際は、USBコネクタの数やブルートゥース機能の有無を確認しておきましょう。

性能より使い勝手を重視する

ノートパソコンを選ぶ際は、性能よりも使い勝手を重視することをおすすめします。たとえば、ディスプレイの解像度について考えてみます。

ディスプレイの解像度とは、画面の横方向と縦方向がそれぞれいくつの点(ピクセル)で構成されているかを表すもので、カタログなどで「1,920×1,080ピクセル」のように表記されています。解像度が高いほど画面の表示はきめ細かく、一度に多くの情報を表示できますが、画面サイズの小さいノートパソコンでは、文字やアイコンが小さく表示されます。このため、ユーザーの視力にもよりますが、画面サイズが12インチの機種よりも15インチの機種のほうが目に優しい表示になります。それでも見づらいならば、同じ画面サイズでも1,366×768ピクセルなどの低い解像度の機種を選びましょう。

また、キーボードの感触は機種によって大きく異なります。ノートパソコンにはサイズの制約があるため、[Enter][Delete][Backspace]など重要なキーが小さかったり、通常と異なる位置に配置されていたりして、使いづらい場合があるのです。タッチパッドも同様で、これらは店頭などで触って確認するのが一番です。

性能はデスクトップパソコンより低め

ノートパソコンは省電力性を追求しているため、デスクトップパソコンのような高性能のCPUは搭載しづらく、メモリやハードディスク･SSDの容量も少なめです。同じ価格帯のデスクトップパソコンと比べると、ノートパソコンの性能は低い場合がほとんどです。

しかし、ウェブの閲覧やメール、ワードやエクセルなどの一般的な用途であれば快適に使えます。「出先でそれなりの処理ができる」というレベルであれば、ほとんどのノートパソコンは条件を満たしているといえます。

コンパクトなタブレットPC

タブレットPCは薄くて軽い板状のパソコンで、タブレットパソコンとも呼ばれます。書籍くらいのサイズで、画面に触れて操作するわかりやすさと、寝転んでも使える自由度の高さが特長です。ブルートゥース対応のキーボードを接続して、ノートパソコンのように使うこともできます。

タブレットPCとは

タブレットPC(以下タブレット)は、ほとんど液晶画面だけに見える薄型のパソコンです。画面は単なる液晶画面ではなく、タッチパネルにもなっていて、画面を指で直接触れて操作します。画面に表示されたボタンを触れたり、画面を指やペンで直接触れたり、こすったりして文字や絵を入力します。

ノートパソコンやデスクトップパソコンでキーボード･マウスを使う場合と比べて、より直観的に操作できるのが利点です。ただし、画面内に画像として表示されるタッチキーボードを指先で触れて文字を入力するため、実際のキーボードと比較すると文字入力の効率は落ちます。

また、タブレットは表面と背面にカメラを搭載している機種が多いのも特長です。GPS(ジーピーエス=Global Positioning System=全地球測位網)や加速度センサーを内蔵する機種も少なくありません。

タブレットの性能と価格

タブレットは小型･薄型化のためのコストのほか、タッチパネルやGPSなどセンサー関連の部品コストがかかります。CPUに関しては、小さなバッテリーでも長時間使えるような省電力のCPUが使われます。このため、同じ価格帯で比較すると、タブレットはノートパソコンよりも性能が低くなります。逆に同じ程度の性能であれば、タブレットはノートパソコンよりも割高です。したがって、高性能のタブレットは快適ですが、おおむね高価になります。

タブレットの特長の1つは「気楽に使えること」であり、そ

タブレットPC

こそこの性能の製品であればノートパソコンより安価で入手できます。そのようなタブレットは、メモリは2ギガバイト、SSDは16〜64ギガバイト、CPUは高速性よりも省電力を優先、ディスプレイの解像度は低めといったところで、ウィンドウズ10を利用するうえで最低限のスペックです。ただし、このような低価格のタブレットが使い物にならないかというと、そうでもありません。ウェブの閲覧やメール、SNS、音楽の視聴、動画の再生、ボードゲームやパズルなどの軽いゲームが中心であれば、それなりに使うことができます。

タブレットの本体構成と拡張性

タブレットは本体の中にディスプレイ、無線LAN、マイクロUSBまたはUSB Type-Cのコネクタ、カメラ、GPSほか各種センサー、バッテリーなどを搭載しています。バッテリーは電圧5ボルトのものが多く、本体に付属の充電器のほか、スマートフォン用のモバイルバッテリーでも充電できます。

タブレットは本体の拡張性がなく、CPUの交換やメモリの増設はできません。メモリカードのスロットが搭載されている機種ならば、マイクロSDカードでデータの記憶容量を増やせるくらいです。周辺機器を使う場合は、ノートパソコンと同様にUSBやブルートゥースを利用して接続します。

ノートパソコンのように使うには

ブルートゥースでキーボードをつなげば、タブレットをノートパソコンのように使うこともできます。最初からブルートゥース対応のキーボードが付属する機種もあります。キーボードとタブレットを合体するとノートパソコンとして、分離するとタブレットとして使用できます。このような一台二役のパソコンを**2 in 1**(ツーインワン)パソコンといいます。

パソコンとスマートフォンの同じところ、違うところ

スマートフォンはパソコンに匹敵する高機能でありながら、気軽に持ち歩くことができます。通話はもちろん、さまざまな場面で使いたいときにすぐ使えるのが魅力です。スマートフォンの特性とパソコンとの違いを理解しつつ、適材適所で使いましょう。

常時携帯できるスマートフォン

スマートフォン(Smartphone)とは「多機能携帯電話」という意味の言葉で、略して「スマホ」と呼ばれます。パソコンのようにさまざまなアプリケーションを搭載しており、通話はもちろん、ウェブサイトの閲覧やメール、ビジネス、ゲームなど、いろいろな用途で使えます。また、カメラを搭載しているので写真や動画を手軽に撮影でき、GPS(ジーピーエス=Global Positioning System=全地球測位網)などのセンサー(Sensor=感知器)を内蔵しています。

スマートフォンはポケットに入るほどの小型でありながら、パソコンに匹敵する多機能化が進んでいます。操作方法はタブレットPCと同じで、タッチパネルになっている画面に指で直接触れて操作します。

アンドロイドスマホとiPhone

搭載するOSの違いにより、スマートフォンは2種類に分けられます。1つはグーグル社が開発したAndroid(アンドロイド)を搭載する**アンドロイドスマホ**、もう1つはアップル社が開発したiOSを搭載する**iPhone**(アイフォーン)です。両者のシェアは、世界レベルではアンドロイドスマホが優勢ですが、日本に限るとiPhoneのほうが多数派です。

スマートフォンとインターネット

現在、スマートフォンでインターネットを使う人の数は、パソコンでインターネットを使う人の数を超えています。スマートフォンには、いつでもどこでもインターネットにつながるという利点があるのです。

スマートフォン

ノートパソコン

スマートフォンをインターネットにつなぐには、ドコモやKDDI(au)、ソフトバンクなど携帯電話会社のネットワークを使う方法と、Wi-Fi(ワイファイ=無線LAN)につなぐ方法があります。携帯電話会社のネットワークを使うには、スマホの回線の契約者であることを識別するSIM(シム=Subscriber Identity Module)カードが必要です。携帯電話会社のスマートフォンには購入時にSIMカードが付属しているので、そのままインターネットが使えます。

スマートフォンの得意・不得意

スマートフォンは常に携帯することを前提にした端末です。動画や写真のシャッターチャンスを逃さずに撮影する、その場でSNSに投稿する、気になったことをその場でメモする、電車内でニュースをチェックする、目的地への行き方を検索するといった、「必要なときにすぐに使う」という利用法が得意です。

一方、スマートフォンの画面は小さいため、大きな画像や表などの全体を見渡すのは苦手です。ウェブページや文書を見る際も、文字が小さくて見づらいことがあります。また、キーボードからの入力に比べると、文字を入力する効率は落ちます。

スマートフォンはいろいろな周辺機器をつなぐ使い方は想定されていません。拡張性はマイクロSDカードでデータの記憶容量を増やしたり、ブルートゥース接続のキーボードやスピーカーを利用できるくらいです。

アプリの入手方法の違い

パソコンのアプリケーションはアップル社やマイクロソフト社が運営する配信サイトや、アプリの販売元のサイトからダウンロードして入手できます。フリーソフトやシェアウエアを集めたサイトからダウンロードすることもできます。最近は減っていますが、店頭や通販でアプリのパッケージを購入することもできます。

一方、スマートフォンでは、iPhoneはアップル社のアプリ配信サイト「アップストア」から、アンドロイドスマホはグーグル社の配信サイト「グーグルプレイ」から、それぞれダウンロードで入手するのが基本です。

ウィンドウズパソコンとMacの違い

OSの違いによって、パソコンは「ウィンドウズパソコン」「Mac」「その他」の3種類に分類できます。著名なアプリケーションの多くは、ウィンドウズ版とMac版がそれぞれ用意されています。バージョンが合えば、両者でファイルをやりとりすることも可能です。

ウィンドウズパソコン

ウィンドウズ（Windows→80ページ）は、マイクロソフト社が開発したOSです。ウィンドウズを使うことを前提として設計されたパソコンを「ウィンドウズパソコン」といいます。現在、世界中で使われているパソコンの多くはウィンドウズパソコンです。

ウィンドウズパソコンは普及している台数が多いので、ソフトウェアもたくさん流通しています。ワープロ、表計算、データベースなど仕事用のアプリケーションのほか、趣味で使うアプリケーション、映像や音楽、画像処理などのプロ向けの専門的なアプリケーションも多数あります。

また、ウィンドウズパソコンのパーツは規格化されたものが多く、入手もかんたんです。それらのパーツを利用して、自分で組み立てた「自作パソコン」もよく使われています。

Mac

Mac（マック）はアメリカのアップル社が開発したパソコンです。アップル社のみが製造・販売していて、macOS（マックオーエス）という専用のOSを使用します。

ウィンドウズパソコンとの明確な違いとしては、ホイールがついていない1つボタンのマウスで操作する、キーボード上の一部の機能キーが異なる、などがあります。

また、Macのディスプレイ（Retinaディスプレイ）は、ふつうに画面を見るときの距離では、人間の目で1つ1つのピクセルを見分けることができないほど緻密です。細部まで明瞭で、深みのある色合いの美しい画面表示を実現しています。フォント（→96ページ）もなめらかで、とても見やすい表示です。

最初の機種マッキントッシュ（Macintosh）は1984年に発売されました。同時の主流だったIBM製のパソコン（IBM-PC）とその互換機と違い、アイコンと呼ばれる絵やマークを使った先進的な画面表示と、マウスによる直感的な操作を

COLUMN

ウィンドウズパソコンのルーツ

ウィンドウズパソコンのルーツは、1981年にアメリカのIBM社が発売したIBM **PC/AT**（ピーシー・エーティ）というパソコンです。このパソコンの規格に合わせて作られたパソコンは「PC/AT互換機」と呼ばれ、世界中のメーカーから発売され、世界中に普及しました。

PC/AT互換機は英字と数字、かんたんな記号しか使えませんでしたが、1990年に発表された**DOS/V**（ドスブイ）というOSで、日本語が表示できるようになりました。これは「DOS/Vパソコン」と呼ばれて日本でも急速に普及し、現在のウィンドウズパソコンのもととなったのです。

採用したことで人気が出ました。

Macにはウィンドウズほどの数ではありませんが、仕事用から趣味用まで、多くのアプリケーションがあります。デザインのよさ、手になじみやすい使い勝手、iPadやiPhoneなどの機器との密接な連携、これまでに多くの熱心なユーザーによって築かれたMac独特の文化などが、Macの根強い人気のもとになっています。

ウィンドウズとMacの互換性

ウィンドウズパソコンとMacでは、OSの根本的な部分が異なります。したがって、一般的にはウィンドウズ用のアプリケーションをMacで使うことはできません。その逆に、Mac用のアプリケーションをウィンドウズで使うこともできません。このため、著名なアプリケーションの多くはウィンドウズ版とMac版が別々に用意されています。ただし、両者のアプリケーションでバージョンナンバーをそろえないと、100%の互換性は期待できません。

プリンターや外付けハードディスク、ディスプレイなど、周辺機器の互換性については、USBやHDMIなどの広く普及している規格に対応する機器であれば、ウィンドウズとMacのどちらでも接続することはできるでしょう。この場合も、機器によっては100%完璧な互換性がない場合もあります。

COLUMN

Linuxパソコン

市販のパソコンは、ほとんどがウィンドウズパソコンかMacです。この2種類に加えて、UNIXの流れを汲むLinux(→88ページ)というOSを搭載したパソコンもあります。UNIXはウィンドウズが登場するより前から使われてきた実績があり、動作が安定しています。UNIXを参考に作られたLinuxは無料で配布されていて、そのうえ、無料で使えるソフトウェアも豊富なので、そのぶんコストを下げられるのが利点です。自作パソコンにLinuxをインストールして使うこともできます。

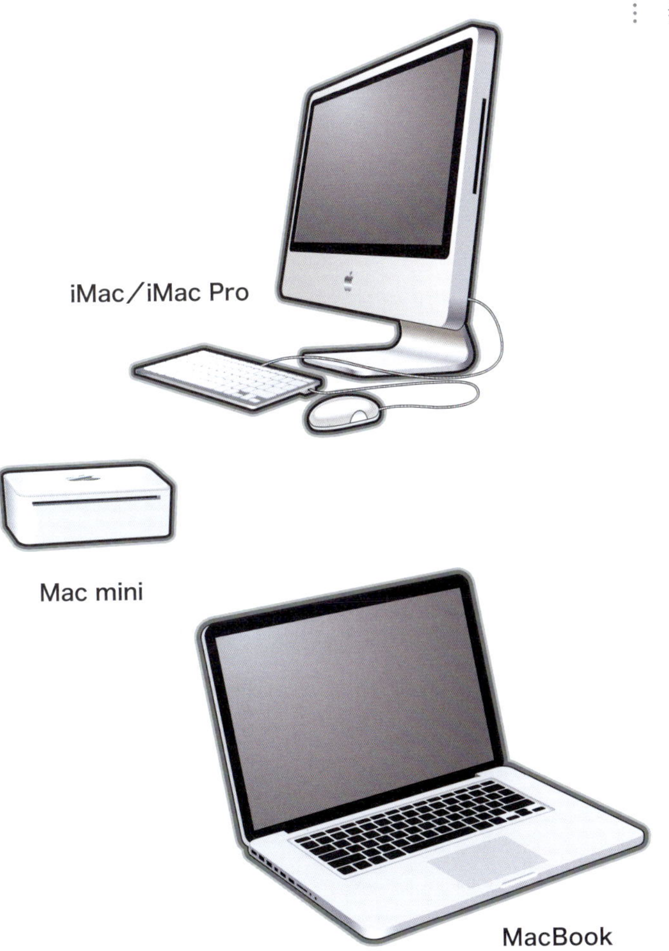

iMac／iMac Pro

Mac mini

MacBook

COLUMN

Chromebook

2009年にグーグルが発表した**Chromebook**(クロームブック)は、Linuxを基本として作られたChrome OS(クロームオーエス)を使うノートパソコンです。2014年にはデスクトップ型のChromebox(クロームボックス)も発表されています。

Chrome OSでは、アプリケーションやユーザーのデータを本体内に保存せず、インターネット上のクラウド(ファイル共有サービス)に置いて利用します。また、ほとんどの操作はChrome(クローム)というウェブブラウザから行います。

Chrome OSは高性能のCPUや大容量のメモリでなくても動作します。そのため、ウェブサイト閲覧やメールなど、限られた用途であれば十分実用になります。難点としては、販売されている機種が少ないこと、アプリの選択肢が狭いこと、ネットにつないでいないと使いにくいこと、などが挙げられます。

パソコンの中には何がある？

パソコンの中には何があるのでしょうか？ パソコンの自作やパーツ交換が得意な人でなければ、パソコンのカバーを開けて中を見る機会はめったにないでしょう。パソコンで使われている部品を理解することにより、広告やカタログに書いてあることもわかるようになります。

パソコンの中はどうなっている？

CPU

CPU（シーピーユー＝Central Processing Unit＝中央演算装置）は人間でいうと脳、車でいうとエンジンにあたるパソコンの中心部品です。

CPUの性能がよいほど、パソコンとしての性能も優れていることになります。性能の基準は1つではなく、計算の速さ、一度にいくつもの命令を処理できる能力、消費電力、価格などがあります。CPUによって得意とする機能があり、パソコンの使用目的によってCPUを選ぶのが理想です。

ただし、現在のCPUはワープロや表計算、インターネット、メールなどに使うには十分な性能を持っています。一般的な使い方では、どのCPUを選ぶかで迷う必要はないともいえます。

メモリ

メモリはCPUが処理しているデータを一時的に記憶しておくための部品です。

CPUから見ると、メモリは作業机のようなものです。メモリの容量が大きいほど、CPUにとっての作業用の机が広くなります。つまり、メモリが多ければ多いほど、計算や仕事が効率的に処理できるようになります。メモリを取り付けるスロットに空きがあれば、あとからメモリモジュール（→36ページ）を差し込んで、メモリの容量を増やすことができます。

ハードディスク・SSD

ハードディスクはデータを記憶し、保存するための装置です。電源を切っても、ハードディスク内のデータは保存されています。ハードディスクは書庫のようなもので、容量が大きければ大きいほど便利です。

ハードディスクには、ウィンドウズなどのOSのほかに、ユーザーの用途に応じてアプリケーションがインストールされます。また、ユーザーが作成したデータも保存されます。

ハードディスクのかわりにSSD（→44ページ）を内蔵するパソコンも増えています。SSDは省電力で軽く、耐衝撃性や静音性に優れ、ハードディスクよりデータの読み書きが高速、などの利点があります。

パソコンの中身

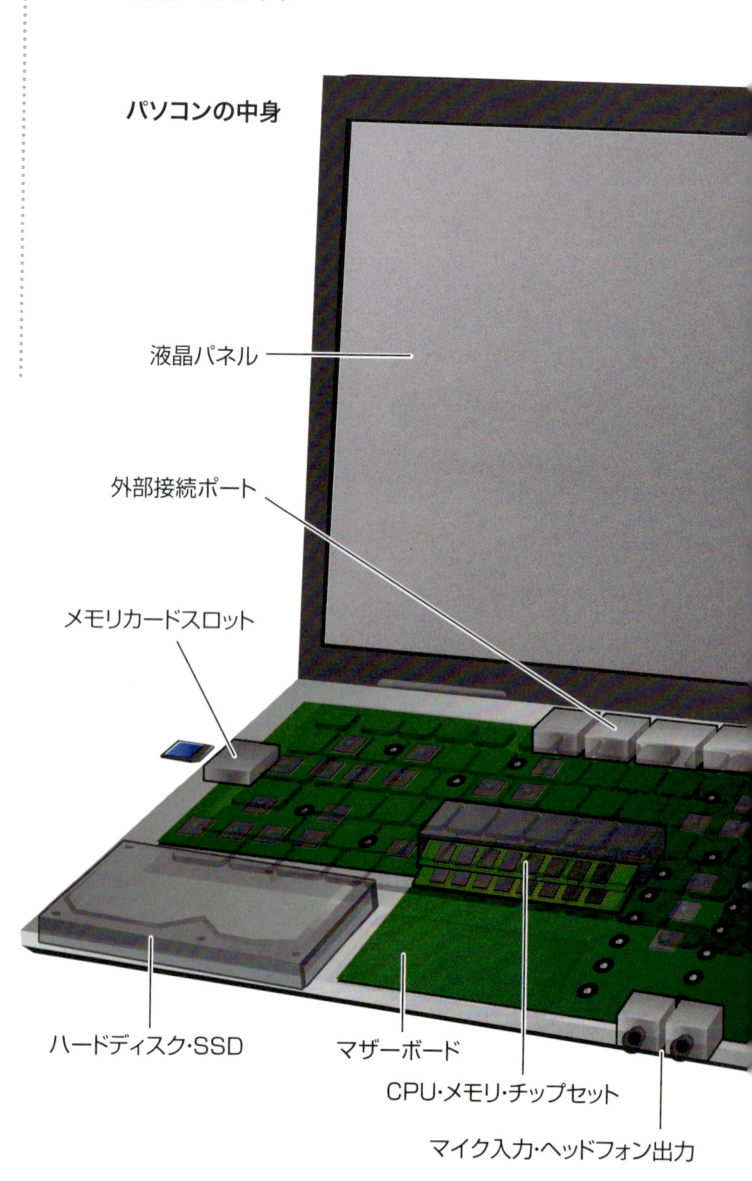

光学ドライブ

CD·DVDで提供されるソフトウェアを利用する場合に必要です。音楽CDを聴いたり、DVDビデオを見ることもできます。CD·DVDに記録できるドライブ、Blu-rayディスク対応のドライブもあります。

マザーボード

CPUやメモリなどの部品を取り付ける基板をマザーボードといいます。マザーボードには細かい配線が入り組んでいて、各部品をつないでいます。

マザーボードには、**チップセット**と呼ばれるICが搭載されています。チップセットは、パソコン内の部品の動作を制御する重要なICで、パソコンの性能を左右します。マザーボードの設計で、パソコンの性能や価格が大きく変わります。

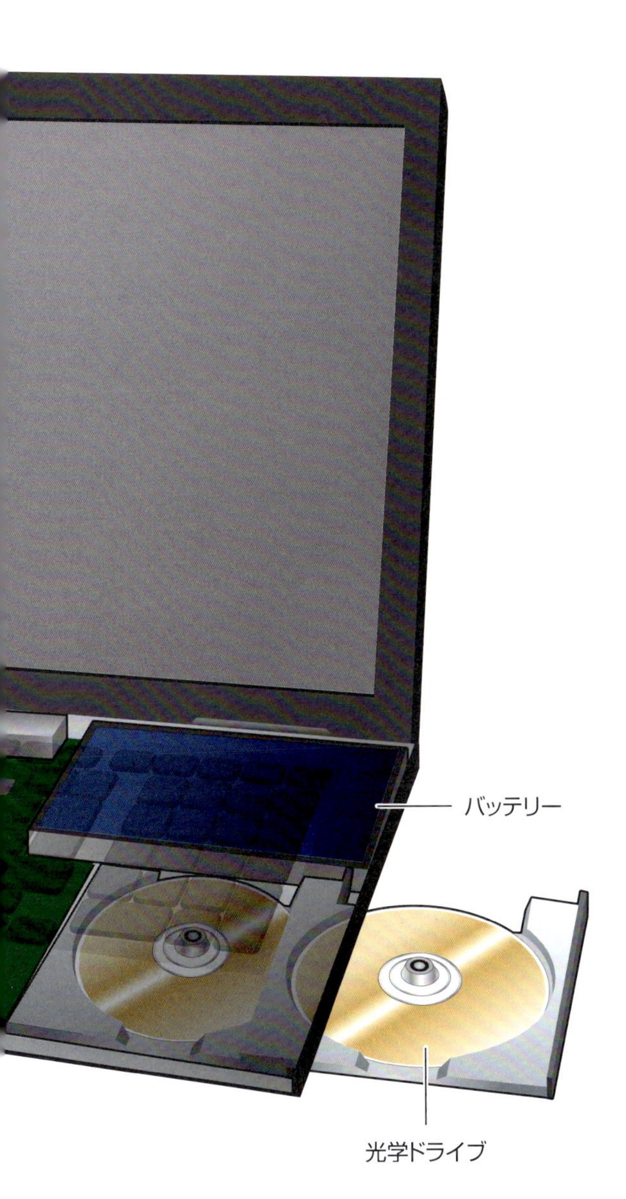

拡張スロット

拡張スロットは、パソコンの機能を拡張する拡張カードの差し込み口で、高性能のグラフィックカードを使う場合などに利用されます。デスクトップパソコンの多くは拡張スロットを備えていますが、小型のパソコンは拡張スロットを備えていない場合があります。なお、ほとんどのノートパソコンには拡張スロットがありません。

外部接続ポート·コネクタ

外付けの周辺機器は、**USB**(ユーエスビー)ポートを使って接続します。LANケーブルはLANコネクタ(Ethernet Port=イーサネットポート)につなぎます。ディスプレイはHDMIやディスプレイポートなどの外部ディスプレイ出力ポートにつなぎます。

メモリカードスロット

SDメモリカードやメモリースティックなど(→53ページ)を差し込むための差し込み口です。

電源

ノートパソコンには**バッテリー**が内蔵されています。バッテリーは充電池です。バッテリーの容量が大きいほど、電源のない場所でパソコンを使える時間が長くなります。

デスクトップパソコンの電源は、家庭用の100Vの交流をパソコンで使う数ボルトの直流に変換します。電源の容量が小さすぎると、ハードディスク·SSDや拡張カードを増設したときに、パソコンの動作が不安定になる場合があります。

以上が一般的なパソコンの中身です。次のページからはおもな部品について説明します。

外部接続ポート

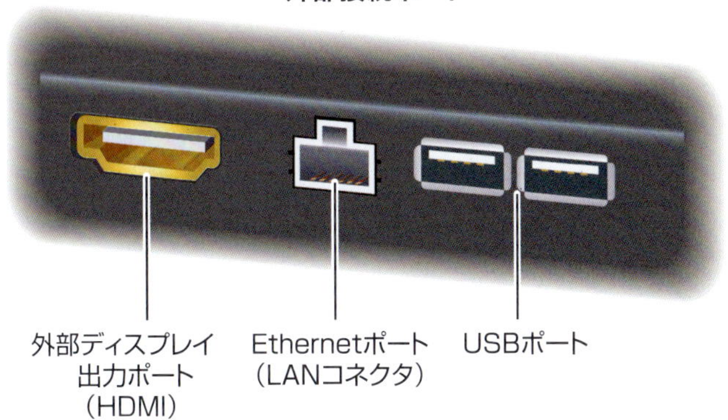

CPUはパソコンの頭脳

CPU（シーピーユー）はパソコンを人間にたとえるなら脳、自動車ならエンジンにあたります。CPUはパソコン全体を代表する、もっとも重要な部品の1つです。CPUの性能は「クロック周波数」「コア数」「スレッド数」「キャッシュメモリ」などの観点で判断します。

CPUの仕事

CPU（シーピーユー＝Central Processing Unit＝中央演算装置）は、パソコンで行われているすべての仕事に関係しています。

CPUは多忙で、仕事は多岐にわたります。パソコンが請け負った仕事を小さい仕事に分割して他の部品や周辺機器に割り振ったり、プログラムに書かれている仕事の手順を高速に解読して他の部品に指示をしたり、全体の仕事の進行がスムーズに進むように作業のテンポを調節したり、周辺機器とうまくつきあって生産性を上げたり、他のICには判断できないような重要な問題について決断したり、高速かつ正確に計算したり、パソコン内を流れる膨大なデータの交通整理をしたり、といったさまざまな仕事（これでも一部にすぎません）をテキパキとこなしています。

CPUがパソコンの性能を左右する

CPUの性能を判断する基準はいくつかあります。ここでは代表的なものを紹介します。

❶ クロック周波数（計算のスピード）

クロックとは、タイミングを合わせるための時計のことです。CPUの仕事の1つに、オーケストラの指揮者と同じような役割があります。オーケストラでは、指揮者が指揮棒を振ると、楽員が共通のテンポで楽器を弾き、演奏が行われます。CPUのクロックもこれと同じで、パソコン内部の各部品は、CPUのクロック信号に合わせて動作します。

クロック数の単位は**ヘルツ**といい、1秒に1回だけ演算するCPUは、クロック数が1ヘルツ（Hz）です。よく使われる単位は、**MHz**（メガヘルツ）あるいは**GHz**（ギガヘルツ）で、1MHzなら1秒間に100万回、1GHzなら1秒間に10億回もの演算を処理しています。

一般に、クロック周波数が高いほど、CPUの処理速度は速くなります。ただし、クロック周波数が2倍になったからといって、パソコン全体の処理速度が単純に2倍になるわけではありません。ほかの部品とのやりとりを含めて、総合的に処理速度が決まります。

❷ コア数（マルチな能力）

パソコンでは、複数の命令を並行して処理する場面があります。このときCPUは非常に多忙になり、パソコンの反応が目に見えて遅くなることもあります。

たとえば、店長1人で切り盛りしていたお店が大繁盛したら、店長は多忙でダウンするかもしれません。そんなときは、誰かを雇って仕事を振り分ければよいでしょう。同じ仕事量を2人で分担すれば、時間も半分で済みます。これはCPUでも同じです。

コア（演算装置）はCPUの処理を行う中心部分です。2006年以後、1つのCPUに複数のコアを内蔵したCPUが登場しました。まるで1つの頭の中に複数の脳があるようなもので、複数の処理を同時に行うことができるため、高速な処理が期待できます。

2つのコアを持つCPUを**デュアルコア**といいます。4つのコアを持つ**クアッドコア**、8つのコアを持つ**オクタコア**のCPUもあります。

なお、デュアルコアのCPUだからといって、単純に処理速度が2倍になるわけではありません。CPUが実行するプログラムによっては、マルチコアで同時処理できるとは限らないためです。

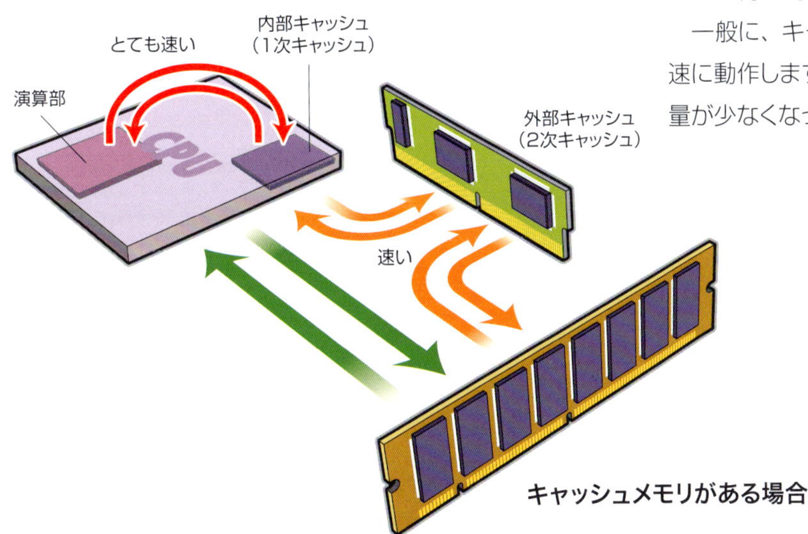

キャッシュメモリがある場合

また、複数のコアを持つとCPUの消費電力も増えるため、それを抑えるためにクロック周波数を下げて設計される場合もあります。

❸ スレッド（1つのコアで複数の処理）

CPUのコア内の回路は、常にすべてフル稼働しているわけではなく、処理によっては空き時間が生じます。この空き時間に別の仕事をさせることで、1つのコアに複数の仕事をさせることができます。

この技術を**ハイパースレッディングテクノロジ**といいます。スレッドとは、CPUが実行する処理の単位のことです。CPUが複数スレッドに対応していると、1つのコアが見かけ上は複数のコアとして動作することになるため、CPUの処理効率がアップします。この見かけ上のコアを「論理プロセッサ」と呼ぶことがあります。

一般に、スレッド数が多いほどCPUの処理は高速です。インテルのCore iシリーズやAMDのRyzenシリーズは複数スレッドに対応していますが、廉価版CPUはシングルスレッドしか対応しないものもあります。

❹ キャッシュメモリ（記憶を思い出す速さ）

CPU内部には**キャッシュメモリ**というメモリが内蔵されています。キャッシュ（cache）は貯蔵庫という意味です。CPUがメインメモリから読み込んだデータは、いったんキャッシュメモリに記憶されます。同じデータを2度目以降に利用する場合、CPUはまずキャッシュメモリにアクセスします。キャッシュメモリの反応速度はメインメモリよりも高速なので、CPUの待ち時間が減り、結果として処理が高速になります。

一般に、キャッシュメモリの容量が大きいほど、CPUは高速に動作します。廉価版のCPUでは、キャッシュメモリの容量が少なくなっています。

いろいろあるCPUはどこが違う?

高速性、低コスト、省電力など、最優先で追求している性能はCPUごとに異なります。それはCPUの設計の違いであり、CPUごとの個性でもあります。パソコンの大衆化と環境重視の流れによって、CPUに要求される性能は時代とともに変化しています。

CPUの2大メーカーはインテルとAMD

パソコン用のCPUを製造しているおもなメーカーは、**インテル**(Intel)と**AMD**(エーエムディ:Advanced Micro Devices)の2社です。インテル社はパソコン用CPUの市場ではもっともシェア(市場占有率)が大きく、AMD社は独自技術のCPUで追随しています。

同じメーカーのCPUでも、設計の違いによっていくつかのシリーズに分かれます。また、同じシリーズのCPUであっても、クロック周波数やコア数が異なる複数の製品があります。

両社のCPUはウィンドウズが動作する

インテル社とAMD社のCPUは形状や内部構造は異なりますが、どちらもウィンドウズやウィンドウズ用のアプリケーションが動作します。このため、AMD社のCPUを**インテル互換CPU**と呼ぶこともあります。市販されているウィンドウズパソコンはインテル社またはAMD社のCPUを搭載しています。

Macでは、以前はモトローラ社のPowerPCというCPUを使用していましたが、2006年以降はインテル社のCPUを使用しています。なお、アップル社はiPadやiPhoneで自社製のCPUを採用しているので、その流れからすると、将来は自社製のCPUを使用する可能性もあります。

インテルのCPU

パソコンに使われているCPUとしてはCore(コア)シリーズ、Pentium(ペンティアム)、Celeron(セレロン)があります。

Coreシリーズ

インテル社のCoreシリーズは、内部に複数のコアを持つマルチコアCPUです。複数の処理を並行して実行できるので、クロック数を上げなくても高速化でき、消費電力と発熱を低減させることに成功しています。

2006年1月、インテル社のそれまでの主力だったPentiumにかわるCPUとして、Coreシリーズの最初の製品が発売されました。現在の主力はCore i(コアアイ)シリーズであり、2017年に登場したCore i9(コアアイナイン)、2008年に登場したCore i7(コアアイセブン)、2009年に登場したCore i5(コアアイファイブ)、2010年に登場したCore i3(コアアイスリー)というラインアップがあります。

Core i9は最大で18コアを内蔵し、コア1つあたり2スレッドの処理ができるマルチスレッドCPUなので、最大で2×18=36スレッドを同時に処理できます（Core i9-9980XEの場合、2018年11月現在）。また、使われていないコアがあるときは、稼働中のコアに電力を集中してクロック周波数を上げる**ターボブーストテクノロジ**（Turbo Boost Technology）など、高性能を保ちながらも省電力化する技術が盛り込まれており、キャッシュも高速化されています。

Pentium・Celeron

Pentiumは長年にわたりインテル社の主力だったCPUです。初代Pentiumが登場したのは1993年で、ウィンドウズが広く一般に使われるようになる前のことです。その後、主役の座はCore iシリーズにゆずりましたが、基本設計を大幅に変更し、現在は「Core iシリーズの下位で、Celeronの上位」という位置付けの廉価版CPUとして使われています。

Celeronはインテル社の主力CPUの技術を継承しつつ、低コストをめざしたCPUです。1998年から続くシリーズですが、内部で使われている技術はその時点での主力CPUに応じて変わっています。Celeronは低価格のパソコンでよく採用されており、Core iシリーズと比べてクロック周波数が低く、2次キャッシュの容量も減らされています。現在のCeleronはCore iシリーズの技術をもとにしており、複数のコアを内蔵しています。

AMD社のインテル互換CPU

AMD社のCPUはインテル社のCPUと互換性があり、同じOSやアプリケーションを使用できます。インテル社のコピーではなく独自開発したCPUであり、省電力性、クロック周波数の調節、セキュリティ機能、グラフィック機能などにおいて、AMD社の独自の機能が盛り込まれています。パソコン用CPUのシェアではインテル社の後を追っています。

Ryzen

Ryzen（ライゼン）はAMD社の最新CPUのブランド名です。とくに、Ryzen Threadripper（ライゼン スレッドリッパー）はハイエンドのデスクトップパソコン用のCPUとして開発されたモデルで、最上位のRyzen Threadripper 2990WXは32コア64スレッドを備えており、インテルCore i9-7980XEの18コア36スレッドをはるかに超えています（2018年8月現在）。ゲームのプレイやクリエイター系の仕事のように、CPUのコア数が多いほど効率がよい分野で実力を発揮します。また、低価格のRyzen Threadripper 2950Xでも16コア32スレッドなので、ゲームを快適に楽しむには十分です。

このような最高の性能ではなく、一般的なパソコン用のCPUでは、Ryzenシリーズは同レベルのインテルCore iシリーズに比べて低価格の製品が多いのが特長です。

COLUMN

スマートフォンのCPU

アンドロイドスマホはARM（アーム）系CPUを搭載しています。iPhoneもARM系CPUを搭載していますが、アップル社の独自機能が追加されています。

ARM系CPUとは、イギリスのARM社が開発したCPUの技術を採用して製造されるCPUのことです。ARM社自身はCPUの製造・販売を行わず、ファーウェイやアップルなどのメーカーが製造しています。ARM系CPUの最大のメリットは低消費電力で、スマートフォンのバッテリーが長持ちするのはARM系CPUのおかげです。

COLUMN

ターボブーストテクノロジ

たとえば4コアのCPUで、1つのコアだけフル稼働して残り3つのコアはほとんど休んでいる場合、CPUの消費電力や発熱には余裕があります。この余裕を利用してフル稼働中のコアをクロックアップさせて（クロック周波数を上げて）、処理を高速化する技術がターボブーストテクノロジです。インテル社とAMD社はともに、ターボブーストテクノロジに対応するCPUを開発しています。

COLUMN

CPUのビット数

CPUのビット数とは、CPUが一度に処理できるデータの大きさを2進数の桁数で表したものです。CPUはビット数が大きいほうが大量のデータを高速で処理でき、大容量のメモリを扱えますが、CPUの価格は高くなり、消費電力も増えます。かつてのパソコンでは8ビット、16ビット、32ビットのCPUが使われていましたが、現在は64ビットCPUを搭載するパソコンがほとんどです。

メモリは一時的なデータの置き場所

CPUはデータの処理や計算はできますが、データを記憶することはできません。パソコン内でデータの記憶を担当する部品は「メモリ」(RAM)です。メモリの容量やデータを読み書きするスピードは、パソコンの性能を決める重要なポイントの1つです。

メモリはパソコン内の一時的なデータの記憶場所

パソコンのメモリは、CPUが演算をするときに使うデータを記憶するための部品です。ハードディスク・SSDに保存されているプログラムや文書のデータも、利用するときは一時的にメモリに記憶されて、CPUによって処理されます。

処理が完了して不要になった一時的なデータは、ウィンドウズなどのOSによってメモリから自動的に消去されます。空いた記憶領域には、また別のデータが読み込まれます。

このように記憶内容を自由に、読み、書き、消去できるメモリを**RAM**(ラム=Random Access Memory)といいます。

アプリケーションの動作にも欠かせない

アプリケーションを実行すると、そのプログラムの一部または全部がメモリに読み込まれます。そのアプリケーションで編集するデータも読み込まれます。そしてアプリケーションの動作中、メモリは常に利用されます。

たとえば、ワープロソフトで文書を作成しているときは、CPUはワープロソフトのプログラムの指示に従って、メモリ内に文書データ用の作業領域を確保します。そして、人間の編集操作に応じて、メモリに記憶されている文書データを書き換えたり、削除したり、追加したりしています。

メモリとハードディスク・SSDとの違い

メモリとハードディスク･SSDは記憶装置です。なぜ、パソコンに2種類の記憶装置が用意されているのでしょうか。

メモリはCPUの一時的な記憶やプログラムの作業領域として使われ、CPUと直結して高速な読み書きを行っています。電気を使って記憶するため、パソコンの電源を切ると記憶内容は消えます。

ハードディスク･SSDは一時的な記憶ではなく、データを保存する目的の記憶に使われます。ハードディスクは磁気を利用して記憶し、SSDはフラッシュメモリという特殊なメモリに記憶するため、パソコンの電源を切っても記憶内容は消えません。

たとえれば、メモリは作業机のようなもの、ハードディスク･SSDはファイルがいっぱい入る書棚のようなものです。ハードディスク･SSDという書棚からファイルを取り出してきて、それをメモリという作業机上に置いて、CPUが仕事をします。

メモリが少ないとどうなるか

メモリの容量が少ないと、いろいろな不都合が発生します。ソフトウェアによっては、メモリが少ないと動作しないこともあります。なんとか動いても、ソフトウェアの性能を十分に発揮できない場合もあります。

OSにはメモリの不足分を補う**仮想メモリ**という機能があり、メモリに収まりきれない記憶内容を一時的にハードディスク･SSDに移動（**スワップ**）して、見かけのメモリ容量を確保しようとします。このとき、ハードディスクはメモリに比べて10倍～100倍以上も読み書きが遅く、ハードディスクより高速なSSDでもメモリの早さには及ばないため、パソコンの処理速度がはっきりと低下します。消費電力も増えるので、ノートパソコンのバッテリーの持続時間が短くなります。

COLUMN

ROMとBIOS、UEFI

自由に書き換えできるRAMに対して、読み取り専用のメモリを**ROM**（ロム＝Read Only Memory）といいます。マザーボード上には電源を切っても記憶が残るフラッシュメモリを使ったROMがあり、パソコンの**BIOS**（バイオス＝Basic Input/Output System）の記憶に使われます。

BIOSはファームウェア（Firmware）と呼ばれる基本的なプログラムの一種です。BIOSはパソコンの電源を入れると最初に実行されて、ディスクドライブやキーボード、ディスプレイなどのハードウェアを使うための準備をします。続いて、OSの基本部分をハードディスク・SSDから読み込んでメモリに転送し、OSを使えるようにします。この時点がパソコンの「起動」であり、パソコンが起動するまでのプロセスをブートといいます。

BIOSはパソコンの“本能”に相当するプログラムです。BIOSが壊れるとパソコンは起動しません。BIOSは機能の追加や不具合の修正などのためにバージョンアップされることがあり、その際はメーカーが提供する専用のソフトウェアで書き換えをします。

BIOSはパソコンが登場したころに設計されたため、現在のパソコンにとっては制約が多く、BIOSにかわる**UEFI**（ユーイーエフアイ＝Unified Extensible Firmware Interface）が使われるようになりました。現在では、BIOSというとUEFIのことを指す場合もあります。

メモリにもいろいろな種類がある

パソコンのメモリは部品の形状、データの読み書き方法、対応するクロック周波数などによる違いがあります。CPUのスピードアップに伴ってメモリにも高速性が要求されており、「トリプルチャンネル」や「クアッドチャンネル」など、データ転送量を増やす技術が開発されました。

メモリの部品の形状

メモリの部品は、小さな長方形の基板に複数のメモリチップを並べて貼り付けた形をしています。メモリチップを貼り付けた部品を**メモリモジュール**ともいいます。

DIMM（ディム＝Dual In-line Memory Module）

現在の標準的なメモリモジュールの形態です。多くのデスクトップパソコンで使われています。データを64ビット単位で処理します。

SO-DIMM（エスオーディム＝Small Outline Dual In-line Memory Module）

ノートパソコンや省スペースパソコンで使われるモジュールの規格です。DIMMと比べて半分ほどの大きさで、同等の性能を確保しています。

メモリチップの性能

現在使われているメモリモジュールのほとんどは、**DRAM**（ディーラム＝Dynamic RAM）というメモリチップが使われています。DRAMは時間と共に記憶内容が失われる特性があり、記憶内容を保持するため、一定時間ごとにデータを再書き込み（リフレッシュ）する必要があります。このため、パソコンの電源を切ると記憶している内容も消えます。DRAMは安価に製造でき、容量を増やしやすいため普及しました。

同じDRAMでも、データの読み書き技術の違いで、いくつかの規格が登場しました。規格ごとにDRAMの性能も違います。

メモリの性能は「モジュール名」と「チップ名」で知ることができます。「PC3 8500 DDR3-1066」というメモリの場合、「PC3 8500」がモジュール名で、メモリの規格はDDR3であり、データ転送速度は毎秒8,500メガバイトであることがわかります。「DDR3-1066」の部分はチップ名で、動作周波数が1,066メガヘルツであることがわかります。

DDR3 SDRAM

DDR3 SDRAM（ディディアールスリー･エスディラム）は2008年から使われ始めた規格のメモリです。一世代前の規格であるDDR2と比べて、2倍のデータ転送速度があります。CPUがメモリからデータを先読みするプリフェッチ機能は8ビットであり、DDR2の4ビットから2倍のビット数になっています。

DDR4 SDRAM

DDR4 SDRAM（ディディアールフォー･エスディラム）は2012年に発表された規格のメモリです。DDR3のほぼ2倍の速度で、DDR3より低電圧かつ省電力で動作します。

メモリの対応クロック周波数

メモリはCPUの外部バス(データをやりとりするための経路)のクロック周波数と同期して読み書きを行うため、対応するクロック周波数によっても種類が分かれます。速いクロック周波数に対応するメモリを使っても、CPUやマザーボード、チップセットがそれに対応していないと、メモリの性能を引き出すことはできません。

高速アクセスの工夫

同じ規格のメモリモジュールを何枚かまとめて同時にアクセスすることで、メモリとCPU間のデータ転送を高速化する技術があります。この技術を利用するには、対応するマザーボードとメモリモジュールが必要です。

メモリモジュールを2枚1組で使用して、メモリとCPU間のデータ転送量を2倍にする技術が**デュアルチャンネル**です。デュアルチャンネルでは、単位時間あたりに転送できるデータ量が2倍になります。同様に、同じ規格のメモリモジュール3枚1組でデータ転送量を3倍にするのが**トリプルチャンネル**、4枚1組でデータ転送量を4倍にするのが**クアッドチャンネル**です。

いずれの場合も、組にするメモリモジュールは決められたメモリスロットに差し込む必要があります。違うメモリスロットに差し込むと動作はしますが、高速化はしません。

メモリはどれくらい必要か?

一般に、OSやアプリケーションが高機能になるほど、より大容量のメモリが必要になります。必要なメモリ容量はOSによっても異なりますが、パソコンの利用法によっても変わります。

目安として、ウェブサイトの閲覧やメール、ワープロや表計算ソフトなどでかんたんな作業をする場合、メモリは最低でも2ギガバイトは必要です。画像など容量の大きなデータを多用したり、複数の表を同時に開いたりする場合、パソコンを快適に利用するには4ギガバイトは必要になるでしょう。

また、高精細の画像データや動画のように容量が大きいデータを作成·編集する場合や、多数のアプリケーションを同時に使う場合は8ギガバイト以上、欲をいえばさらに大容量のメモリがあると安心です。

メモリモジュールを追加して、メモリ容量を拡張できるパソコンもあります。ただし、拡張できるメモリ容量の上限はパソコンの機種によって異なります。

メモリの増設方法

メモリを増設する際は、メモリの種類に注意が必要です。たとえば、DDR3 SDRAMに対応するパソコンではDDR3 SDRAMのメモリモジュールしか使用できません。また、パソコンのメモリスロットに空きがない場合は、もとからあるメモリモジュールを容量の大きいものに交換します。

拡張の作業自体は、増設のメモリモジュールをマザーボード上のメモリスロットに差し込むだけです。メモリは静電気に弱いので、注意して作業します。

CPUはメモリのデータを読み書きする

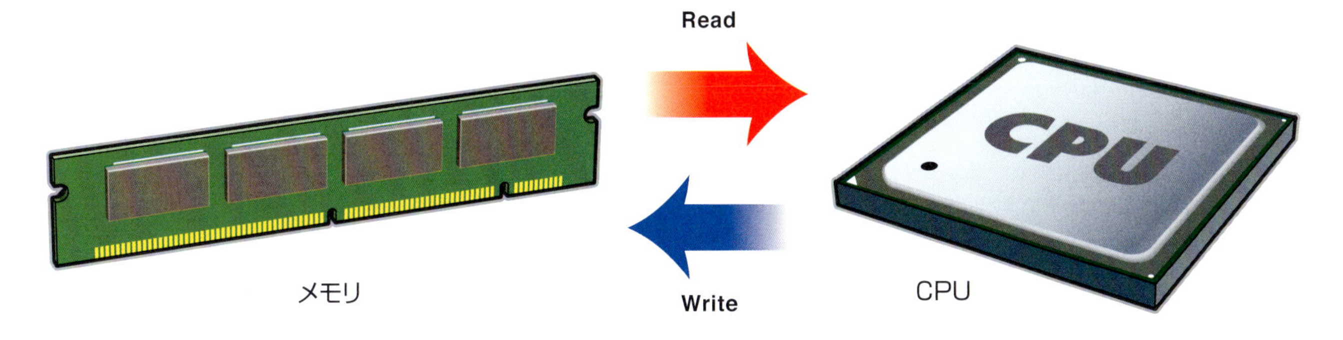

いちばん大きなパーツはマザーボード

CPUやメモリなど、パソコンを構成するすべての部品は「マザーボード」と呼ばれる基板に取り付けられるか、ケーブルでマザーボードに接続されています。CPUやメモリの性能だけでなく、マザーボードの設計もパソコンの性能を左右します。

パソコンの性能を左右するマザーボード

CPUや周辺の部品など、パソコンに必要な部品を取り付けるのが**マザーボード**です。CPUの性能を生かすには、性能のよいマザーボードが必要です。

高速なCPUでは、周辺の部品とのデータのやりとりも高速であることが要求されます。一定のコストで高機能を実現するには、CPUだけでなくパソコン全体で部品の性能のバランスを考えなければなりません。

マザーボードは、特定のCPUや部品の使用を前提として設計されます。パソコンで使用するマザーボードを決めると、そのマザーボードで使えるCPUやメモリの種類も決まります。

チップセットの役割

古典的なチップセットは、2つのチップ(LSI)から構成されていました。CPUに近いほうのチップは**ノースブリッジ**、遠いほうのチップは**サウスブリッジ**と呼ばれ、両者は専用の高速なバス(データの通り道)でつながっていました。

ノースブリッジには「グラフィックの制御」と「CPU−メモリ間のデータ転送の制御」という役割があります。現在はこれらの役割はCPUに組み込まれたため、ノースブリッジはなくなり、サウスブリッジのみのチップセットが増えています。

サウスブリッジにはPCI Express(ピーシーアイ・エクスプレス)、SATA、USB、LANなど周辺機器とのデータ交換を制御する役割があります。

チップセットはデータの交通整理役

マザーボード上の部品のうち、パソコンの性能にもっとも影響を与えるのは**チップセット**です。

チップセットは拡張スロットのほか、USBやネットワークなど各種インターフェースとCPUのデータのやりとりを制御するLSIです。かつてはCPUとメモリ間のデータのやりとりや、画面描画なども制御しており、2つ以上のLSIで構成されていました。後述するように、現在はこれらの機能はCPUに統合されています。

どのチップセットを選択するかによって、組み合わせることのできるCPU、メモリの種類、データの転送速度などが決まります。チップセットはマザーボードにハンダ付けされていて、交換できません。CPUと並んで、パソコンの性能を決定する主要因です。

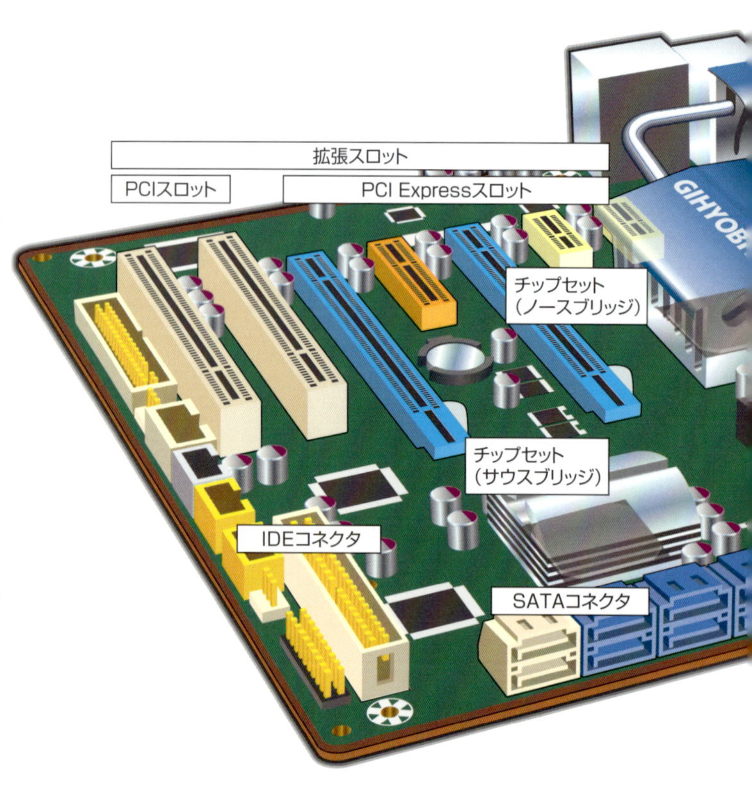

CPUに統合されたグラフィックス機能

一般的なグラフィックス機能を受け持つグラフィックスコントローラーと、メインメモリとCPU間のデータ交換を制御するメモリコントローラーは、以前はチップセットのノースブリッジと呼ばれるLSI(集積回路)に含まれていました。ノースブリッジとCPUはわずか数センチメートルの配線でつながっていましたが、これがパソコンを高速化するうえでの足かせでした。最近のCPUにはグラフィックスコントローラーとメモリコントローラーが統合されており、このような支障はなくなりました。

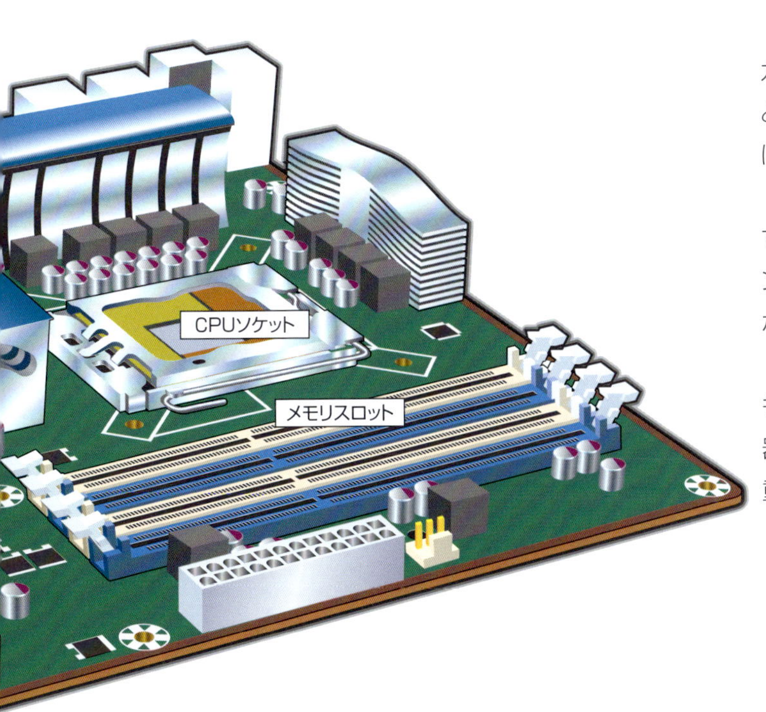

CPUソケットとメモリスロット

マザーボードにはCPUを取り付ける差し込み口があります。**CPUソケット**または**CPUスロット**といいます。マザーボードに装着されたCPUソケットの形状によって、使用できるCPUは決まります。

マザーボードにメモリモジュールを取り付ける差し込み口を**メモリスロット**といいます。メモリスロットの形状は、対応するメモリモジュールごとに異なっていて、間違って別の規格のメモリを差し込まないように工夫されています。

SATAコネクタ

パソコンに内蔵されるハードディスク・SSDや光学ドライブは、**SATA**(シリアル・エーティエー)という規格で接続されます。多くのマザーボードには、内蔵ドライブを接続するためのSATAコネクタが2つ以上搭載されています。

拡張スロット

拡張スロットは、パソコンの機能を拡張するための拡張カードを取り付ける差し込み口です。自分に必要な機能をあとから追加したいときや、高性能な機器に取り替えたいときに拡張スロットに接続します。

拡張スロットの数が多いほど、多くの機能を追加できます。いまのパソコンはネットワーク機能やビデオ機能、サウンド機能など一般的な機能については、はじめからマザーボードに取り付けられています(**オンボード**)。

拡張スロットの数を増やすとパソコンが大型になり、コストも高くなります。現在はUSBでかんたんに接続できる拡張機器が増えたこともあり、以前に比べて、拡張スロットの数は重要ではなくなりました。

グラフィックス性能はGPUで決まる

ディスプレイはパソコンから送られた情報を表示する周辺機器です。どのくらい高解像度で、どれだけの色を、どれくらい速く表示できるかは、パソコンの画面表示能力で決まります。CPUに統合されたGPUの機能のほか、高性能のビデオカードを利用することもできます。

パソコンの表示能力はGPUで決まる

画面のどの場所にどんな図形を表示するかは、パソコンからの命令によって処理されます。この命令を実行して描画処理をする部品が**GPU**（ジーピーユー＝Graphics Processing Unit）です。GPUの能力がパソコンの画面表示能力を決定します。

多くのCPUは描画速度を向上させるために、GPUの機能を統合しています。とくに高速な画面表示が必要でなければ、CPUに統合されたGPUの能力で十分ですが、描画性能を向上させるために、高性能なGPUを搭載したビデオカード（グラフィックスカード）をパソコンに追加することもできます。ビデオカードに複数のビデオ出力端子がある場合は、複数のディスプレイをつないで「マルチディスプレイ」で使うことができます。

GPUは、CPUからの描画命令を受け取ると、描画内容を画面に表示できる形式（RGB）に変換して、ビデオ表示用のメモリ（VRAM）に送ります。複雑な計算を要する3Dグラフィックスや、なめらかに表示する必要のある動画、高速な描画を要するゲームの画面表示には、GPUの能力が大きく影響します。

GPUの性能が低かったり、VRAMの容量や速度が不足していると、高解像度の動画の再生中やゲームのプレイ中に描画処理が追い付かず、コマ落ちが発生することがあります。

約1,670万色を表現するトゥルーカラー

ディスプレイの画面上の1点の色を表現する場合、色の3原色である赤、青、緑をそれぞれ256（8ビット）の階調（色の濃淡）で表現するには、24ビット必要です。256段階の階調で赤、青、緑の光を混ぜ合わせることによって、表現できる色の数は約1,670万色にもなります。

これだけの色数があれば、写真に近い自然な色彩で画面表示できます。これを**トゥルーカラー**（True Color）または**24ビットカラー**といいます。

描画処理をするGPU

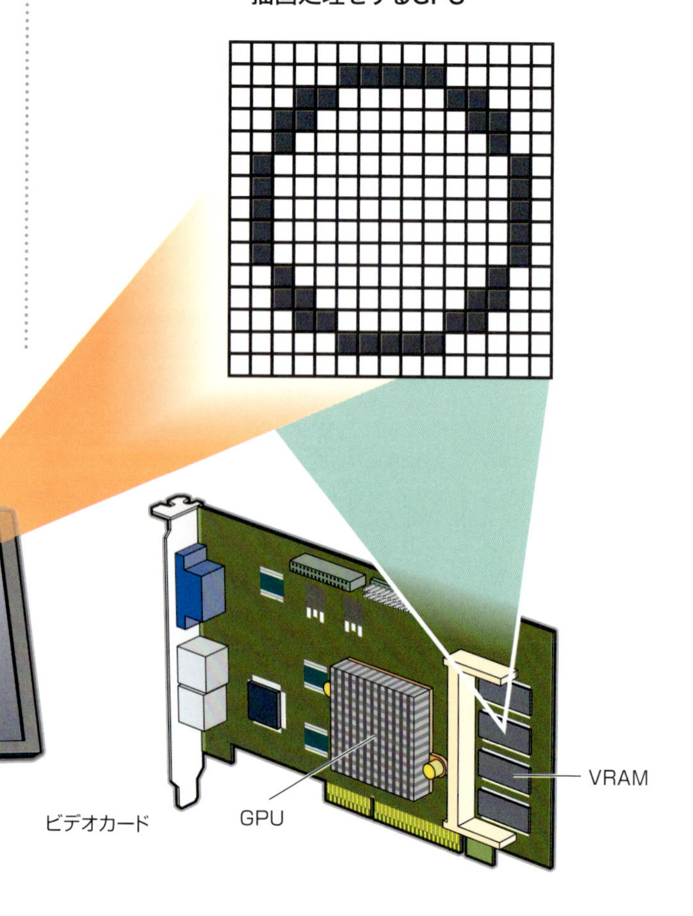

VRAMは画面表示専用のメモリ

VRAM（ブイラム＝ビデオラム＝Video RAM）は画面表示専用のメモリです。ビデオメモリと呼ばれることもあります。

多くのノートパソコンや一部のデスクトップパソコンでは、コストを下げたり、携帯性を向上するために、メインメモリとVRAMを共有して使います。

画面上の点とVRAMの記憶領域とは一対一に対応していて、ビデオチップがVRAMのどこかの場所にデータを書き込むと、対応する画面上の点が表示されるしくみになっています。表示解像度と色数が増えると、それだけ大容量のVRAMが必要になります。

たとえばFull-HDの場合、1画面の点の数は1,920×1,080＝207万個あり、各点を約1,670万色（24ビット）で表示するには、約6メガバイトのデータ量になります。なめらかな動画や高速な3D表示を行うには、大量のVRAMを用意して切り替えて表示するなど、さまざまなテクニックを駆使して効率よく処理する必要があります。高速描画用のビデオカードでは4ギガバイト以上のVRAMが装備されています。

DVI（ディブイアイ）

パソコンからディスプレイに映像信号を送る方法として、デジタル接続とアナログ接続があります。デジタル接続の規格は、**DVI**（Digital Visual Interface）といいます。

液晶ディスプレイは点（ピクセル）ごとに色を表示するデジタル機器なので、DVI接続のほうが鮮明に表示することができます。デジタル→アナログ→デジタルという信号変換による画質の劣化が起こらないためです。

DVI端子には、デジタル専用の**DVI-D**とアナログ兼用の**DVI-I**があります。DVI-I端子に変換アダプターを付ければアナログで接続できます。

グラフィックス用途以外でも活躍するGPU

最近のパソコンゲームの映像のように、実写レベルの美しい画面をなめらかに表示するには、強力なGPUが必要です。GPUは1秒に30枚、あるいは60枚もの3次元グラフィックスを高解像度で描くために、画面の各点の計算を並行処理しています。GPUの計算力はグラフィック用途だけではなく、AI（→140ページ）など膨大な情報を高速処理する必要がある分野でも使われています。

HDMI（エイチディエムアイ）

HDMI（High-Definition Multimedia Interface）は2002年に発表された規格です。DVIを基本に、デジタル放送やBlu-rayなどのデジタル映像を転送するために発展させた規格です。信号を圧縮せずに伝送するので、再生される映像などが高品質で、1本のケーブルで映像･音声･機器間の制御信号を合わせて送受信できます。

DisplayPort（ディスプレイポート）

DisplayPortは2006年に発表された規格で、DVIの後継として開発されました。8K（7,680×4,320ドット）の高解像度表示までも考慮されていて、HDMIと違いライセンス料が不要なのでメーカーにもメリットがあり、多くのパソコンに採用されています。1本のケーブルで映像･音声･機器間の制御信号を送受信できます（音声は対応する機器のみ）。また、パソコンにDisplayPortが1つしかなくても、複数のディスプレイを数珠つなぎにすることでマルチディスプレイ（→43ページ）表示ができます。

ディスプレイの性能はここでわかる

ディスプレイはパソコンを操作するときに必ず見る周辺機器で、モニターとも呼ばれます。パソコンはディスプレイにさまざまな情報を表示します。近年は手ごろな価格で購入できる、4K表示（3,840×2,160ドット）に対応するディスプレイも増えています。

液晶ディスプレイのしくみ

液晶ディスプレイは、**LCD**（エルシーディ=Liquid Crystal Display）とも略されます。液晶は、電圧をかけると光の通り方が変化する化学物質です。液晶ディスプレイでは、液晶の化学的な性質を利用して、画面の点ごとに、光が通るか通らないかをコントロールしています。光が通る点は明るく、光が通らない点は暗く見えます。

現在は**TFT**（ティエフティ=Thin Film Transistor）液晶がもっとも一般的な方式です。TFT液晶は薄膜トランジスタで電圧を制御して、画面の点1つ1つを表示します。アクティブマトリックス型とも呼ばれます。

TFT液晶は、液晶分子の配置や動かし方の違いにより細分化されます。主な方式としては、TN（Twisted Nematic）方式、VA（Vertical Alignment）方式、IPS（In-Plane-Switching）方式があります。方式の違いは視野角の広さや画像のコントラスト、画像の書き換えの応答速度に影響します。画質の面ではIPSが最も有利で、コスト面ではTN方式が有利といわれています。しかし、実際のディスプレイの表示品質はバックライト光源の使い方や、ディスプレイ全体の設計など、総合的な開発力の差も大きく影響します。

視野角

液晶ディスプレイは、画面の真正面から見る画像がもっとも鮮明です。画面を斜めの方向から見るように視点を移動していくと、ある角度から画面が見にくくなります。このとき、

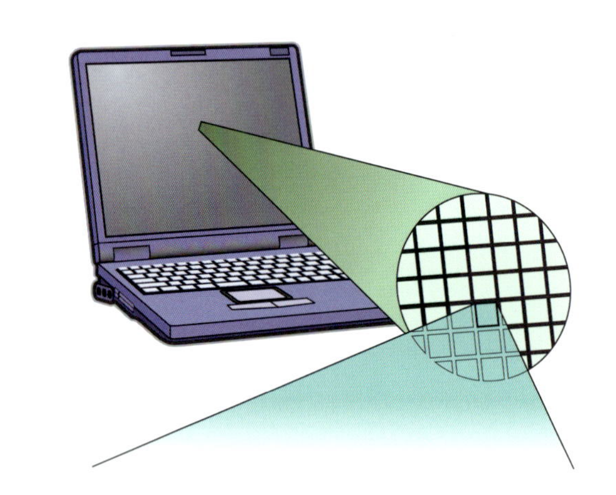

液晶ディスプレイ

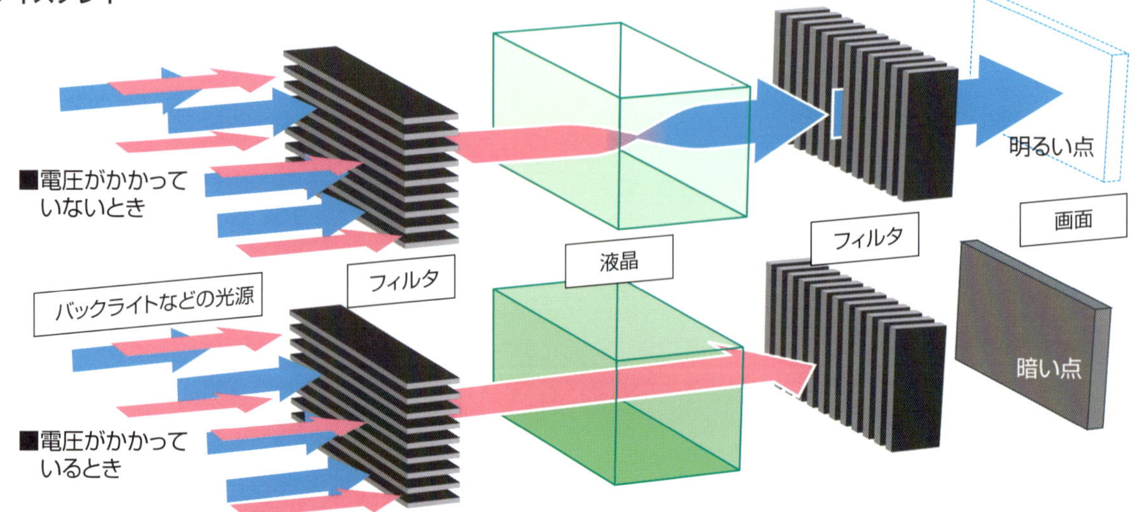

画面がきれいに見える範囲の角度を**視野角**といいます。

視野角が狭いディスプレイは、視点が真正面から少しずれるだけで画面が見えにくくなります。真正面からしかよく見えない場合の視野角は0度で、どこからでもよく見える場合の視野角は180度です。

●光沢パネルとつや消しパネル

液晶パネルは表面につやがある光沢(グレア)タイプと、つやがない非光沢(ノングレア)タイプがあります。好みにもよりますが、映画の鑑賞などでは光沢タイプのほうが発色がきれいです。しかし、背景が映り込みやすいので、通常の用途では非光沢タイプのほうが画面を見やすくなります。

画面の大きさと表示解像度

ディスプレイの画面の大きさは、対角線の長さをインチ(1インチ=2.54cm)で表します。ノートパソコンでは12インチから17インチ、デスクトップパソコンでは19インチから32インチのディスプレイが主流です。

ディスプレイに表示される文字や絵は、小さな点の集まりでできています。表示する情報量を増やすには、この点の数を増やします。「1画面にどれだけ多くの点を表示する能力があるか」をディスプレイの**解像度**といいます。解像度は横方向と縦方向の点(ドット)の数で表します。

同じサイズのディスプレイに高い解像度で表示すると、文字、アイコン、メニュー、図形など、すべての表示が小さくなります。1枚の紙にたくさんの情報を記録するためには、小さな文字で書く必要があるのと同じ原理です。

タッチパネルディスプレイ

タッチパネルディスプレイは画面に触れて操作できます。タッチパネルディスプレイに表示されるアイコンやボタンを指や電子ペンで触れたり、画面上をこすったり、タップしたりしてパソコンを操作できます。表示を目で見て直接触れるので、キーボードやマウスより直感的な操作ができます。タブレットやスマートフォンはもちろん、ノートパソコンやデスクトップパソコン用のディスプレイでも使われることがあります。

タッチパネルディスプレイは、画面に触れた複数の接点を同時に検出できるマルチタッチスクリーンの機能を備えています。2本以上の指で画面に触れることで、より自然な入力が可能です。

マルチディスプレイ

1台のディスプレイの画面に表示できる情報量には限界があります。一度に大量の情報を表示して一覧したい場合、パソコンの画面出力を複数のディスプレイに表示する方法があります。これを**マルチディスプレイ**といいます。マルチディスプレイにするには、パソコンに2系統以上のビデオ出力が備わっていることが必要です。

おもなディスプレイ解像度

VGA(初期のパソコンで採用)	640×480ドット
XGA	1,024×768ドット
SXGA(Super XGA)	1,280×1,024ドット
Full-HD	1,920×1,080ドット
WUXGA(Wide UXGA)	1,920×1,200ドット
4K	3,840×2,160ドット
8K(縦横比16:9の場合)	7,680×4,320ドット

COLUMN

その他のディスプレイ

●ヘッドマウントディスプレイ

ヘッドマウントディスプレイ(HMD=Head Mounted Display)は帽子やメガネの形をした表示装置で、頭に装着して使います。人間の体に直接装着して使うウェアラブルコンピューターの一種です。基本的には1人用で、体を動かしても常に視線の先に画面が表示されます。両手が自由なのも利点です。グーグルのグーグルグラスなどの製品があります。

●有機EL

有機EL(イーエル=Electro Luminescence)は液晶に似ていますが、点の素子自体が発光します。画質が鮮明、バックライトが不要で省電力化に有利、視野角が広い、紙のように薄いディスプレイが作れるなどの利点があります。大型化にコストがかかるのが難点です。

SSD・ハードディスクはデータの保管場所

ハードディスク（Hard Disk）はパソコンの代表的な記憶装置です。略してHD（エッチディ）、あるいはハードディスクドライブの略でHDD（エッチディディ）ともいいます。近年は大容量のフラッシュメモリを使用したSSDの普及が進んでいます。

ハードディスクのしくみ

ハードディスクは直訳すると「硬い円盤」です。おおまかにいうと、高速で回転する「ディスク」、データを読み書きする「磁気ヘッド」、ディスクを回転させる「モーター」から構成されています。ディスクは磁性体が塗られたアルミ製やガラス製で、高速で回転するディスクにヘッドを近づけて、磁力を利用してデータを読み書きします。

回転中のディスクとヘッドは非接触で、0.01～0.02ミクロン（1ミクロンは1,000分の1ミリメートル）というごく狭い間隔で離れています。ハードディスクは非常に精密な機械なので、外部からホコリが侵入しないよう、ディスクとヘッドは密封されています。

SSDのしくみ

SSD（ソリッド・ステート・ドライブ＝Solid State Drive）は「エスエスディ」と読み、大容量のフラッシュメモリを使った記憶装置です。フラッシュメモリはシリコン半導体を使っているので、**シリコンディスク**とも呼ばれます。

パソコンのOSからは、SSDはハードディスクと同じに見え、ハードディスクと同様に使うことができます。SSDはモーターがないため物理的な故障の確率が低く、消費電力もHDDに比べて少なくて済みます。軽量性、耐衝撃性、静音性にも優れ、データの読み書きも高速なので、ハードディスクのかわりにSSDを内蔵するパソコンが増えています。

SSDのデメリットは、ハードディスクと比べて容量あたりの単価が高いことです。ただし、SSDの価格は下がり続けているので、両者の価格差は縮まりつつあります。

なお、SSDは書き換えできる回数の上限があり、それを超えると劣化して使用できなくなります。しかし、SSDの劣化を防ぐ技術は進歩しており、一般の用途ではこの上限を気にする必要はありません。

ハードディスクの種類

ハードディスク内のディスクは高速で回転しています。回転数は、1分間に5,400回転または7,200回転が標準的ですが、1万回転以上の機種もあります。ディスクが高速で回転するほどデータの読み書きが高速ですが、発熱や騒音が増え、コストも高くなります。

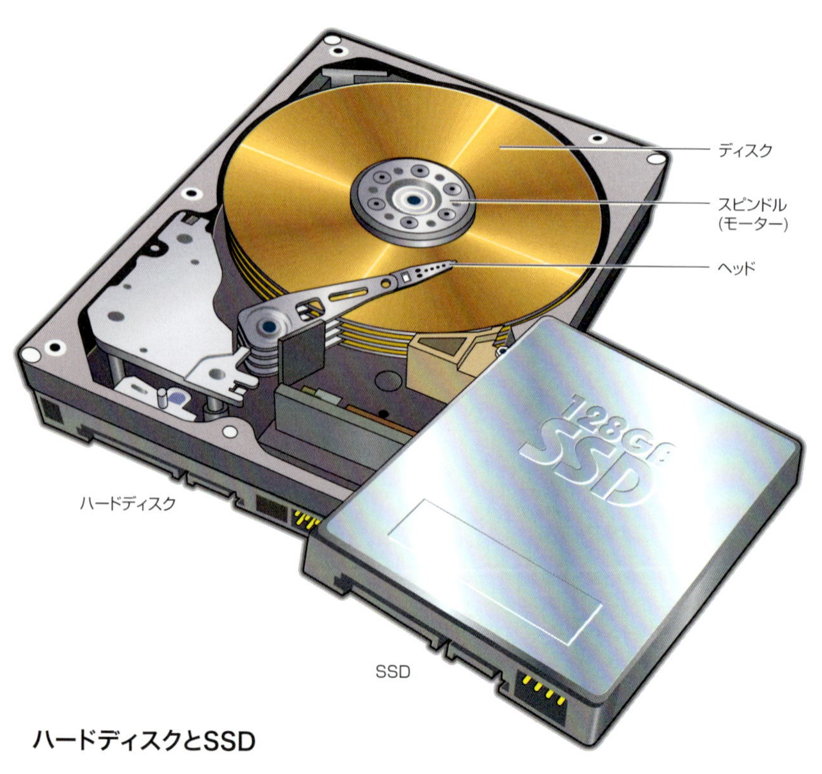

ハードディスクとSSD

ハードディスクはディスクの直径によって、**3.5インチ**と**2.5インチ**の機種があります。コンパクトな2.5インチのタイプはノートパソコン用で、3.5インチのタイプはスペースに余裕があるデスクトップパソコンで使われます。内蔵する場合はSATA、外付けの場合はUSBでパソコンと接続されます。

容量は大きいほどよい

ハードディスク·SSDの性能でもっとも重要なのは記憶容量です。パソコンが使いやすくなるほど、ユーザーがパソコンに保存するデータも増え、ディスクの空き容量はあっという間に減少します。目安として、最低でも128ギガバイト、通常は500ギガバイト以上の容量のハードディスク·SSDを搭載したパソコンを選びたいところです。

必要とするハードディスク·SSDの容量はユーザーの使い方に左右されますが、できれば残りの容量を気にせずに、気楽にデータを保存していきたいものです。以前と比べて、ハードディスク·SSDの容量あたりのコストが下がっているので、できるだけ大容量のディスクを使うほうが、パソコンをストレスなく使用できます。

ハードディスク・SSDの性能

ディスクの読み書きの速度は、OS·アプリケーションの起動やデータの保存·読み込みに要する時間に影響します。ディスクが遅いと頻繁に待ち時間が発生し、ストレスがたまります。

ハードディスク·SSDは、内部に**キャッシュ**または**バッファ**と呼ばれるメモリを搭載しています。CPUはキャッシュに対してはバス(SATA)の速度で読み書きできるため、キャッシュを使うと、CPUはデータの読み書きのあと、すぐに別の処理に取りかかることができます。キャッシュの容量は2～64メガバイト程度で、容量が多いほうが高速になります。

ハードディスクでは静音性も重要な性能の1つです。また、トラブルが発生せずに使い続けられる信頼性も重要です。

大切なバックアップ

ハードディスクの弱点は衝撃に弱いことです。ハードディスクが壊れて、データの読み書きができなくなることを「クラッシュ」といいます。長い時間をかけて作成した大切なデータも、1回のクラッシュで失ってしまうことになります。

ハードディスク内ではディスクが高速で回転しており、その至近距離にヘッドを近付けてデータを読み書きします。このため、使用中に衝撃を与えるとヘッドがディスクに接触し、ハードディスクがクラッシュする恐れがあります。大きな衝撃を与えないように、持ち運び時にも注意が必要です。

また、ユーザーが操作を間違えて、ハードディスク·SSD上の大切なデータを削除する可能性もあります。ウイルスに感染して、OSやファイルを破壊されることもあり得ます。

このような事故に備えて、ハードディスク·SSD内のデータは別のハードディスクやDVDなどにコピーしておき、緊急時に復旧できるように**バックアップ**しておきましょう。バックアップはとても大切な作業なので、ウィンドウズにもバックアップのための機能が用意されています。

光ディスクとメモリカード

紙にメモしたり、写真を印刷したりするのと同じように、パソコンを使って作成したデータは「何か」に記録します。パソコンのデータを記録する機械を記憶装置といい、データを記録するものを記録媒体や記録メディア、またはストレージといいます。

メディアとドライブ

情報を記録するための媒体は**メディア**(Media)と呼ばれます。パソコン用のメディアにはディスク(DiskまたはDisc=円盤)やフラッシュメモリ(半導体)が使われます。

ディスクは**ディスクドライブ**(Disk Drive)と呼ばれる装置に挿入し、回転させてデータを記録したり、読み取ったりします。ディスクの記録方法には、磁気、ピット(くぼみ)、レーザー光の熱による素材変化などが使われます。

ハードディスク(HDD)とSSD

→44ページ

ウィンドウズなどのOSやアプリケーションのプログラムは巨大なため、大容量の記憶装置が必要です。ほとんどのパソコンにはギガバイト、またはテラバイト単位の大容量ハードディスクやSSDが内蔵されています。ハードディスク・SSDはディスクの入れ替えをしないので、固定ディスクとも呼ばれます。ハードディスクは磁気で記憶し、SSDはフラッシュメモリを利用して電気的に記憶します。

パソコンの電源を入れると、ハードディスク・SSDから、OSのプログラムがパソコンのメモリに読み込まれます。アプリケーションを起動する場合も同様で、ハードディスク・SSDからプログラムがメモリに読み込まれ、CPUによって処理されていきます。

ハードディスクと比べると、SSDは容量あたりのコストが割高です。しかし、データの読み込みと書き込みが高速で、かつ省電力性、耐衝撃性、静音性、軽量性に優れているため、ハードディスクのかわりにSSDを内蔵するパソコンが増えています。

光学メディアとドライブ

光学メディアはCD、DVD、Blu-rayなど、レーザー光でデータを読み書きするディスクの総称です。多くのパソコンには、すべてのCDとDVDの読み書きができるDVDスーパーマルチドライブ(またはDVDハイパーマルチドライブ)か、これに加えてBlu-rayの読み書きができるBlu-rayドライブが搭載されています。

一方、インターネット上のサービスやクラウド(→136ページ)を利用することを前提として、光学ドライブなどモーターを使用するドライブを内蔵しないパソコンもあります。タブレットや小型のノートパソコンでは、このタイプが中心です。

ハードディスク・SSD

DVD（ディブイディ）→48ページ

CDと同サイズのディスクに、4.7ギガバイトから最大17ギガバイトの大容量を記録できます。レーザー光を使ってデータを読み書きします。映画などを収録したDVDビデオがおなじみです。DVD-RやDVD-RWなど、書き込みできるDVDもあります。

Blu-ray Disc（ブルーレイディスク＝BD）→49ページ

ソニー、パナソニック、シャープ、日立製作所などのメーカーが中心になって策定した光ディスク規格です。CD、DVDと同じサイズのディスクに、青紫色半導体レーザーを使ってデータを記録します。25ギガバイトまたは、2層に記録することで最大で50ギガバイトの大容量です。

CD（シーディ、コンパクトディスク）

CDはレーザー光でデータを読み書きし、1枚に650～700メガバイトまで記録できます。読み出し専用のCD-ROM、1回だけ書き込みできるCD-R、繰り返し書き込みできるCD-RWなどがあります。以前は、パソコンのデータの記録用としてよく使われましたが、近年は大容量のDVDが主流になっています。

メモリカード→52ページ

フラッシュメモリを使った記憶メディアがメモリカードです。フラッシュメモリは半導体チップを使って、データを電気的に記憶します。電源を切っても記憶内容は保持されています。ディスクに比べ小さくて手軽に扱え、読み書きのスピードも高速です。

半導体メモリの価格が下がったため、大容量の製品も安価になり、ディスクメディアにかわって急速に普及しました。パソコンだけでなく、デジタルカメラ、携帯電話、スマートフォンのデータ保存用にも採用されています。

記憶容量は数百メガバイトから数百ギガバイトですが、いずれはテラバイト単位の容量の製品が登場すると考えられます。SDカード、マイクロSDカード、メモリースティックなど、いろいろな規格があります。USBポートに差し込んで使うUSBメモリもあり、気軽かつ便利に使えます。

メモリカードは、パソコンのメモリカードスロットに差し込むか、カードリーダーをパソコンに接続して読み書きします。

3種類の光学メディア

COLUMN

今では使われなくなったメディア

MOディスク（エムオー）

MOディスク（Magneto Optical Disk＝光磁気ディスク）は、レーザー光で熱した部分だけが磁性を変更できる原理を利用してデータを記録します。記録する円盤はケースに入っていて、ケースごとドライブに差し込んで使います。

フロッピーディスク（FD）

初期のパソコンから使われてきた古典的なメディアです。略してフロッピーと呼ばれます。データは磁気で記録します。記録できる容量が非常に小さく、スピードも遅いのが難点です。

CD、DVD、Blu-rayはここが違う

光学メディアとは、レーザー光を使ってデータを読み書きする記録媒体の総称です。かつてはCDがよく使われましたが、近年はより大容量のDVDやBlu-rayが主流になりました。ドライブを内蔵しないパソコンでも、USBの外付けドライブを接続すれば利用できます。

いろいろなDVD

DVD（ディブイディ）は、デジタル多目的ディスク（Digital Versatile Disc）という意味が込められています。映像、音声、データなど、さまざまな記録の用途で利用されています。

外見はCDと同じですが、記録方式がより高密度で大容量です。パソコン用のDVDには、読み出し専用のDVD-ROM（ディブイディロム）のほか、書き込み可能なDVDの規格が複数あります。

DVDはデータを記録する記録層が1層のタイプと、2層のタイプがあります。また、記録層がメディアの片面だけのタイプと、両面のタイプがあります。メディアのサイズは直径12cmまたは8cmの2種類で、パソコンでは12cmのタイプがよく使われます。

読み出し専用のDVD-ROM

読み出し専用のDVDで、データの追記や書き換えはできません。アプリケーションの配布用で、ネットからのダウンロード以外の方法として使われることがあります。

映画などの映像を収録したDVDビデオはDVD-ROMの一種です。DVDビデオの画像と音声はMPEG-2（→139ページ）形式で圧縮されています。DVDビデオはDVDプレーヤーのほか、再生ソフトを使えばパソコンのDVDドライブでも再生できます。

書き込み可能なDVD

書き込み可能なDVDはいくつかの種類に分かれます。データを読み書きする方式は基本的に同じですが、規格を策定した団体が異なります。

DVD-R／DVD-RW

DVD-R（ディブイディアール）とDVD-RW（ディブイディアールダブリュ）は**DVDフォーラム**という団体が策定した規格です。DVD-Rはデータを1度だけ書き込みでき、DVD-RWは繰り返し書き込みできます。

DVD-R DL（ディブイディアールディエル）はDVD-Rの記録層を2層にして、大容量化した規格です。DVD-RWを2層化したDVD-RW DLという規格もありますが、製品化されていません。

DVD+R／DVD+RW

DVD+R（ディブイディプラスアール）とDVD+RW（ディブイディプラスリライタブル）は、**DVD+RWアライアンス**という団体が策定した規格です。DVD+Rは1度だけ書き込みでき、DVD+RWは繰り返し書き込みできます。

DVD+R DL（ディブイディプラスアールディエル）はDVD+Rの記録層を2層にして、大容量化した規格です。DVD+RWを2層化したDVD+RW DLという規格もありますが、製品化されていません。

DVD-RAM

DVD-RAM（ディブイディラム）はDVDフォーラムが策定した規格で、相変化記録方式を採用しており、10万回以上の書き換えができます。ハードディスクやUSBメモリのような感覚で、ドラッグ&ドロップでファイルを保存できます。メディアが単体のタイプと、カートリッジに入ったタイプがあります。

より大容量のBlu-ray

Blu-ray(ブルーレイ)は**Blu-ray Disc Association**(旧Blu-ray Disc Founders)という団体が策定した規格です。青紫色半導体レーザーを使用してデータを読み書きすることで、DVDより記録密度を向上させ、より大容量になりました。一部のパソコンはBlu-rayドライブを搭載しており、高解像度の写真や長時間の動画など、大容量データの保存で利用されています。

Blu-rayには、読み出し専用のBD-ROM(ビーディロム)、一度だけ書き込みできるBD-R(ビーディアール)、繰り返し書き込みできるBD-RE(ビーディアールイー)があります。記録層が2層のBD-R DL(ビーディアールディエル)とBD-RE DL(ビーディアールイーディエル)もあります。

おもな光メディアの規格

名称	データの記録層	容量(ギガバイト)	書き込み可能回数
DVD-ROM	1層	4.7	読み出し専用
DVD-R	1層	4.7	1回
DVD-R DL	2層	8.5	1回
DVD-RW	1層	4.7	1,000回以上
DVD+R	1層	4.7	1回
DVD+R DL	2層	8.5	1回
DVD+RW	1層	4.7	1,000回以上
DVD-RAM	1層	4.7	10万回以上
BD-ROM	1層	25	読み出し専用
BD-R	1層	25	1回
BD-R DL	2層	50	1回
BD-RE	1層	25(Ver1.0は23.3)	1,000回以上
BD-RE DL	2層	50	1,000回以上

フォーマットはどんな作業?

ハードディスク、光ディスク、メモリカードやUSBメモリなどのメディアには、ファイル管理情報を記録する領域があります。この領域を新しく作成することをフォーマットといいます。フォーマットすると、メディア内にあるフォーマット以前のデータは見かけ上は消去されて、使用できなくなります。

メディアはフォーマットが必要

ディスクやメモリなどのメディアを使うとき、ファイルを保存するための領域の区画割り当てを前もって作成しておく作業が必要です。これを**フォーマット**といいます。フォーマットしていないメディアには、ファイルを保存することはできません。

市販されている外付けハードディスクは、ほとんどがOSに合わせたフォーマット済みの状態で出荷されています。DVDなどの光ディスクは、用途によってフォーマットが必要になる場合があります。

メモリカードやUSBメモリも同様で、ほとんどがフォーマット済みで出荷されていますが、用途によっては使う前にフォーマットする必要があります。

メディアは目には見えない区画分けがされている

ハードディスクを例にすると、フォーマットしたディスク表面には、目で見て確認することはできませんが、磁気によって複数の同心円の区分けができています。この同心円を**トラック**といいます。1つのトラックは、複数の円弧状の領域に区画分けされます。これを**セクタ**といいます。セクタやトラックの数は、メディアの種類やOSによって異なります。フォーマットのうち、ここまでの作業を**物理フォーマット**といいます。

一般に物理フォーマットはメディアの製造工程で行われるため、ユーザーが行う必要はありません。ユーザーが実際に行う可能性があるのは、次に解説する論理フォーマットです。物理フォーマットについては、考え方だけ理解しておきましょう。

ファイル管理情報を作る論理フォーマット

記憶メディアには、どんな名前のファイルが何トラックの何セクタから記録されているかといった、ファイル管理情報を保存する領域があります。ファイル管理情報はファイルの住所録あるいは目次のようなもので、ディスクに新たなファイルを保存するたびに、書き換えられ、書き加えられていきます。

ファイル管理方式はいろいろありますが、初期のウィンドウズでは**FAT**(ファット=File Allocation Table)、あるいはその拡張方式の**FAT32**や**exFAT**、ウィンドウズXP以降は**NTFS**(エヌティエフエス=NT File System)という方式が採用されています。

メディアをフォーマットすると、選んだ方式に従ってまっさらなファイル管理情報が作られます。これを**論理フォーマット**、ディスクの**初期化**ともいいます。「フォーマットする」というときは、論理フォーマットすることを指すのが一般的です。

メモリカードの場合、円盤のディスクとは物理的な構造は異なりますが、FATやNTFSでフォーマットを行い、ファイルが管理される点は同じです。

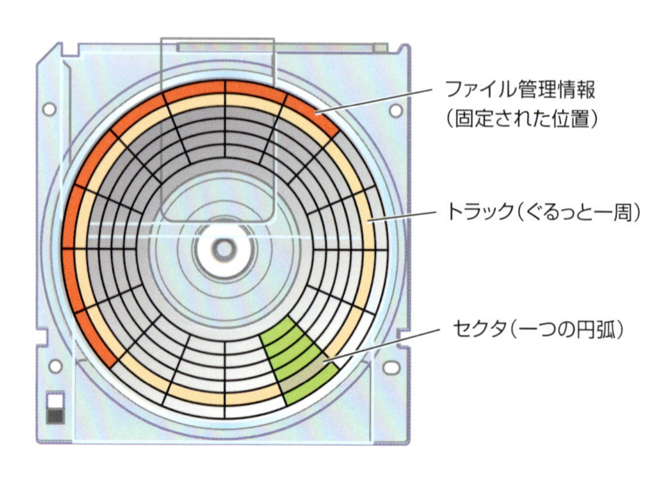

トラックとセクタの関係

フォーマットしても データそのものは消えない

「フォーマットする」というときは、論理フォーマットのみを行うことを指すのが一般的です。

ファイルを保存していたハードディスクやメモリカードを再フォーマットすると、ファイル管理情報がまっさらになるので、見かけ上はファイルが存在しないのと同じことになります。こうして、まっさらな白紙の状態からメディアを再利用することができます。

ところで、フォーマットで消えるのはファイル管理情報だけなので、見かけ上は存在しなくなったとはいえ、実際にデータが記録されていた領域は以前のまま残っています。このため、特別な方法を使えば、見えなくなったファイルを復元できます。機密性の高いデータを記録したメディアを処分するときは注意が必要です。不安ならデータを完全消去するソフトウェアを使うか、メディアを物理的に破壊します。

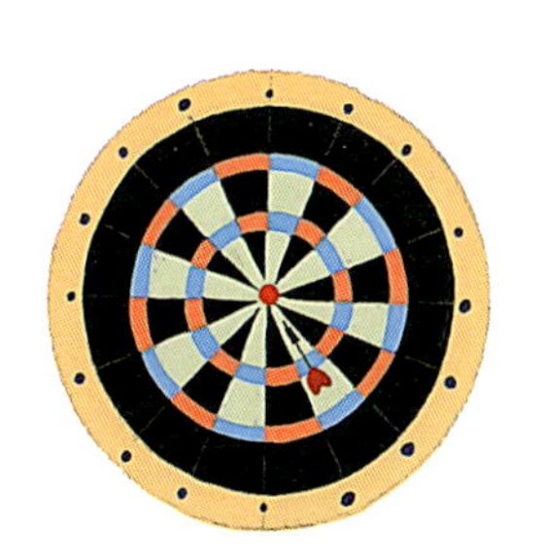

パーティション

広い部屋をいくつかに分けて使うとき、パーティションという間仕切りのパネルを設置して区切ることがあります。

同じように、ハードディスク·SSDのような大容量記憶装置では、**パーティション**といって、1つのディスクを複数の区画に分け、別ドライブとして扱うこともできます。この場合のドライブとは、OSが1つのメディアとみなす単位のことです。

1つの部屋に荷物を詰め込むより、場所を分けて荷物を置いた方が整理しやすいように、ディスクをパーティションに分けると、ファイルの整理がしやすくなります。なお、パーティションの作成は(論理)フォーマット前に行います。

CDやDVDは内周から 外周に向けて記録する

ハードディスクは同心円状にフォーマットされ、外周から内周に向けてデータが記録されていきます。CDやDVDなどの光ディスクは、内周から外周に向けて、1本のうずまき線状に記録していきます。そのため、CDやDVDなどの光ディスクでは、どちらかというと、外周よりも内周に傷を付けないように扱います。

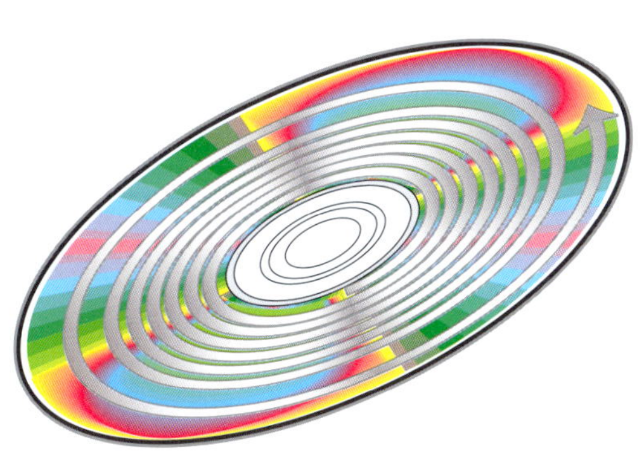

小さくても大容量のメモリカード

メモリカードやUSBメモリはフラッシュメモリを使った記憶メディアです。爪から切手大くらいの大きさで、数十メガバイト～数百ギガバイトのデータを記憶できます。手頃な価格でコンパクトで軽く、手軽に使える記憶メディアとして重宝されています。

記憶の消えないフラッシュメモリ

フラッシュメモリ(Flash Memory)は、記憶内容を保持するための電力が不要なメモリです。一度記憶した内容は消去の操作をしない限りは消えません。

フラッシュメモリを使ったメモリカードは、コンパクトながら大容量で、電力消費量も少なく、ハードディスクに比べて衝撃に強いのが特長です。フラッシュメモリの価格が下がったため、気軽に持ち運びができるメディアとして急速に普及しました。ハードディスクのかわりとして使えるほど大容量なSSD(→45ページ)も普及してきています。

USBメモリもフラッシュメモリを内蔵した記憶装置です。「パソコンのUSBコネクタに差し込むだけで利用できるメモリカード」と考えればよいでしょう。

SDカードがもっとも使われている

フラッシュメモリを使ったメモリカードにはいろいろな種類がありますが、現在の主流はSDカードです。

SDカードはパソコンの補助記憶装置として使われるほかにも、デジタルカメラ、ICレコーダーやiPod touchなどの音楽プレーヤー、携帯電話、スマートフォンなどのデータ保存用に使われています。

メモリカードの使い方

ノートパソコンやタブレットの多くはメモリカード専用のスロットを装備していて、対応したメモリカードを直接差し込んで読み書きすることができます。メモリカードのスロットがないパソコンの場合は、メモリカードを読み書きするためのリーダー／ライターをUSBで接続して使います。

COLUMN

USBメモリ、メモリカードと情報漏洩

USBメモリやメモリカードの最大の利点は、大容量の記憶装置を気軽に持ち運んで使えるということです。あまりにも気軽に使えるので、ついどこかに置き忘れたり、うっかり紛失したり、盗まれたりして、情報漏洩につながる事件が起こっています。USBメモリやメモリカードを利用する際は管理を徹底し、パスワードを付けたり、データを暗号化するなどの対策が必要です。

SDカード

SD（エスディ）カードは24mm×32mm×2.1mmの切手サイズで、重さは約2グラムです。メモリカードの代表的な規格で、パソコンのほかデジタルカメラなどさまざまな機器で使われています。SD=Secure Digitalという名のとおり、著作権保護機能がついています。容量は最大4ギガバイトです。なお、単に「SDカード」と表現する場合、上位の規格であるSDHCカードやSDXCカードも含める場合があります。

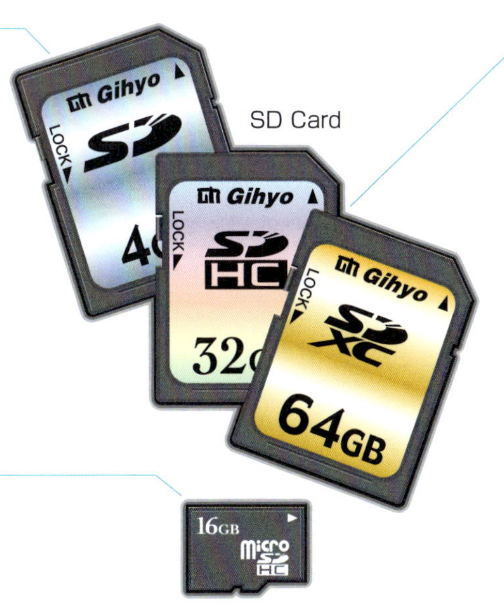

SDHC、SDXCカード

SDHC（エスディエイチシー）カードはSDカードを大容量化した規格で、最大32ギガバイトの容量があります。形状は通常のSDカードと同じです。

2009年には、SDHCを超える64ギガバイト以上の記憶容量を実現するSDXC（エスディエックスシー）カード規格が発表されています。SDXCカードの規格上の最大容量は2テラバイト（=2,048ギガバイト）です。

microSDカード

microSD（マイクロエスディ）カードのサイズは11mm×15mm×1mm、重さは0.4グラムで、SDカードの1/4程度の大きさです。microSDHC（マイクエスディエイチシー）カードはSDHCカードの小型版で、microSDXCカードはSDXCカードの小型版です。タブレットやスマートフォンなど、携帯性を重視する端末で利用されています。変換アダプタを利用すると、標準サイズのSDカードとして使うこともできます。

メモリースティック

ソニーが開発したメモリカードで、ソニー製のIT機器でよく採用されていますが、他社の製品にはあまり使われていません。他のメモリカードに比べて細長い形状が特徴です。記憶容量を拡大した上位版として、メモリースティックPRO（プロ）があり、約1/3サイズに小型化したメモリースティックDuo（デュオ）、さらに小型にしたメモリースティックマイクロがあります。

COLUMN

SDカードのスピードクラス

UHS-I、UHS-II

UHS-I（Ultra High Speedフェーズ I）はSDHCカード、SDXCカードのデータ転送を高速化する規格です。UHS-I対応のメモリカードをUHS-I対応のパソコンや携帯端末で使うと、規格上の最高速度でデータを転送できます。UHS-Iを拡張したUHS-IIという規格もあります。

SDスピードクラス

SDHCカード、SDXCカードで保証している最低書き込み速度をクラス分けして示した数値で、スピードクラス6やClass6のように表記されます。Class6は「最低でも毎秒6メガバイトのデータを転送できる」という意味です。数字が大きいほど高速ですが、価格も高くなります。動画の撮影など、データの取りこぼしが許されない場合に重要となる指数です。

UHSスピードクラス

UHS-I、UHS-II用のスピードクラスです。UHSスピードクラス1の場合、最低でも毎秒10メガバイト以上の転送速度であることを示しています。

COLUMN

使われなくなったメモリカード

メモリカードの分野では、さまざまな規格が乱立してきました。かつてはよく使われたものの、時代とともにほとんど使われなくなったメモリカードもあります。

コンパクトフラッシュ（CF=Compact Flash）カードは、以前はデジタルカメラなどで使われました。通信カードや超小型ハードディスクなどメモリ以外の製品も登場しましたが、現在はあまり使われていません。

miniSDカードは小型版のSDカードで、microSDカードより大きく、容量はmicroSDカードと同等です。SDカードとmicroSDカードが普及したため、近年はあまり使われていません。

文字を入力するキーボード

キーボードは、パソコンに指示を与えたり、データを入力するために使います。使用頻度の高い入力機器で、パソコンに欠かせないものです。キーボードは慣れるまでに時間がかかりますが、慣れてしまえばデータをスピーディに確実に入力することができます。

キーボードのしくみ

キーボードには100個以上ものキーがあります。各キーには文字や数字が印刷されています。1つ1つのキーはスイッチになっていて、どれかのキーを押すと、そのキーに割り振られた特定の信号がパソコンに送られます。

パソコンのCPUは、受け取った信号からどのキーが押されたかを判別し、文字や数値のデータとしてメモリに記憶します。メモリに記憶されたデータはアプリケーションによって処理を加えられ、利用されていきます。

キーボードとパソコンの接続は、ケーブルでUSBポートへつなぐ有線式と、赤外線や電波を使う無線式があります。無線式のキーボードの場合、キーボードから入力した情報はUSB接続した受信機を通じてパソコンに送られます。ブルートゥース（→73ページ）で接続するキーボードもあります。

キーボードの種類

キーボードには、英語キーボードと日本語キーボードがあります。日本語キーボードにはかなの表記があり、かな漢字入力･変換のためのキーがついています。全体のキーの配置も、英語キーボードと日本語キーボードでは微妙に異なります。

キーボードはキーの総数で分類されることがあります。英語キーボードは**101**キーボード、日本語キーボードは**106**キーボードが基本です。これらにウィンドウズ専用のキーを追加したのが、英語**104**キーボード、日本語**109**キーボードです。

ノートパソコンのキーボードは、限られた面積を有効に利用するため、テンキーを省いて機能キーの位置を変えるなど、機種ごとに独自の工夫をしています。

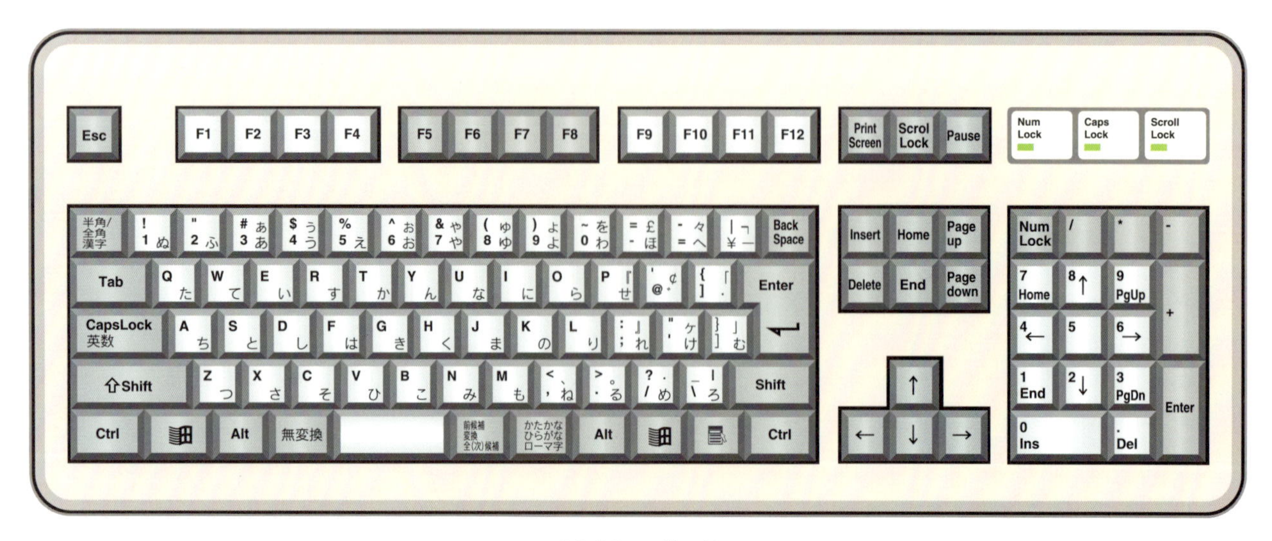

109キーボード

キーの文字配列

キーの並び順は、アルファベット順でもアイウエオ順でもありません。英字のキー配列は**QWERTY**（クワーティ）配列と呼ばれ、タイプライターのキー配列をもとにして並び順が決められています。キーボードの最上段のキーの並びが左からQWERTYの順になっているため、こう呼ばれています。

日本語のキー配列はJIS規格で定められており、**JISキーボード**と呼ばれます。

キーピッチ

隣り合ったキーの中心がどれくらい離れているかを表す値を**キーピッチ**といいます。ノートパソコンのキーピッチは14mmから19mm程度で、デスクトップパソコンのキーボードのキーピッチは19mm程度です。

キーピッチを小さくすると、キーボード全体を小さくすることができます。そのかわり、入力しづらくなり、入力ミスも増えます。

ホームポジションとタッチタイピング

キーボードをよく見ると、JとFのキーに小さな突起が出ています。Fキーの上に左手の人差し指、Jキーの上に右手の人差し指を置いた状態を**ホームポジション**といいます。ホームポジションは、キーボードに手を置くときの基準の位置になります。

ホームポジションから、5本の指を上下に移動してキーを打つのがおすすめの打ち方です。練習するとキーを見ずに、画面だけを見てスピーディに入力できるようになります。これを**タッチタイピング**といいます。

迅速な操作を実現するショートカットキー

ウィンドウズやMacでは、特定のキーを組み合わせて押すことでコピー&ペーストやデータの保存など、よく使う機能を即座に実行できるようになっています。たとえば、「データの上書き保存」はCtrlキーを押したままの状態でSキーを押すことで、即座に実行されます。

複数キーを組み合わせて押すことで特定の機能が即座に実行できるしくみを、**ショートカットキー**といいます。慣れてしまえば、マウスを使って操作するよりもスピーディにパソコンを操作できるようになります。

ウィンドウズのショートカットキーの例

キー	機能
Ctrl＋C	指定した範囲をコピーする
Ctrl＋V	コピーした範囲を貼り付ける
Ctrl＋Z	直前の操作を取り消し、もとに戻す
Ctrl＋A	すべてを選択する
Ctrl＋S	ファイルを上書き保存する
Ctrl＋P	印刷する
Ctrl＋F	文字列を検索する
Alt＋F4	ウィンドウを閉じる
Alt＋Tab	開いているウィンドウを切り替える
Ctrl＋Esc またはウィンドウズキー	スタートメニューを開く

ポインターを動かすマウスのしくみ

パソコンにとってマウスは欠かせない入力機器です。マウスを利用すると、画面を見ながら直感的にパソコンを操作できます。ノートパソコンでは携帯性を考慮して、タッチパッドやトラックポイントなどマウスの代用となる入力機器を搭載しています。

ねずみの形をしたマウス

マウスは、パソコンの画面上に表示される矢印(マウスポインター)を操って、パソコンに指示を出す機器です。視覚的に具体的なイメージを確認しながら指示できるので、キーボード中心の操作に比べて、パソコンを直感的に操作できます。

マウスは1961年に、ダグラス·エンゲルバートによって発明されました。名前の由来は、動く様子がネズミ(Mouse=マウス)のように見えることです。はじめてマウスを採用したパソコンはアップル社のリサ(Lisa)で、その後マッキントッシュ(Mac)やウィンドウズパソコンにも採用され、パソコンの標準的な入力装置になりました。

ワイヤレスマウス

マウスをパソコンにつなぐコードをなくしたものが**ワイヤレスマウス**です。コードのかわりになるのは赤外線や電波です。マウスの移動情報は、USB接続などの受信機を通じてパソコンに送られます。ブルートゥース(→73ページ)で接続するマウスもあります。電波や赤外線が届く範囲であれば、パソコンから離れて使うこともできます。

ワイヤレスマウスはわずらわしいコードがないので快適ですが、無線で使うための電力が必要で、電池が切れると使えなくなるという短所もあります。

マウスの原理

机の上でマウスを動かすと、移動した方向と距離を電気的な信号に変えてパソコンに伝えます。マウスの下面から赤色光やレーザー光を出し、机からの反射光を読み取り、移動した方向と距離を計測します。平らな場所だけでなく、膝の上などでも使えます。

赤色光を使った光学式マウスは、透明なガラスや模様のない真っ白な机の上では反応しない場合があります。これを解消するために、レーザー光を使う**レーザーマウス**や、青色LEDを使う**青色LEDマウス**が登場しました。読み取りの精度がより高くなり、正確に操作ができます。

光学式マウス

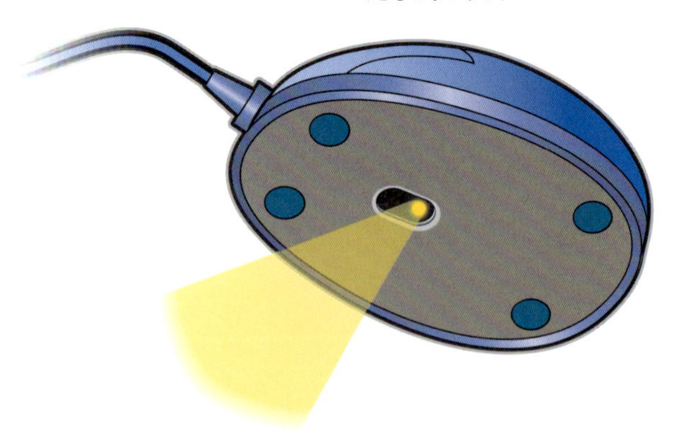

COLUMN

ボール式マウス

かつてはゴム製の小さなボールを内蔵した「ボール式マウス」がよく使われていました。マウスを動かすと中のボールも転がるので、その回転から、移動した方向と距離を計測します。机上のゴミの影響を受けやすく、精度も低いため、近年はほとんど使われなくなっています。

マウスボタン

マウスの人差し指と中指がくるところにボタンが付いています。ウィンドウズ用は2つですが、Mac用は1つです。

それぞれのボタンはスイッチの機能を持っています。左のボタンはメニューを選択したり、画面上のボタンを押したり、図形を描いたりなど、パソコン操作のたくさんの場面で使います。右のボタンはサブメニューを表示するなどして、ソフトウェアに応じた便利な機能が使えます。Macでは[Option]キーとの組み合わせで、右ボタンと同様の機能を果たすことができます。

複数のボタンが付いていて、各ボタンに好きな機能を割り当てることができるマウスもあります。ブラウザの「戻る」「進む」など、よく行う操作を登録しておくと、ワンタッチで実行できて便利です。

ホイール

2つのボタンの間に小さな円盤が付いています。この円盤はホイールといい、指先でくるくる回すことができます。ホイールを回すと、連動して画面がスクロール(ウィンドウ内の表示内容が上下に移動)します。上下に長いウェブページを見る場合などに便利です。ホイールを左右に倒して左右にもスクロールできたり、ホイールを押すと機能ボタンにもなるマウスもあります。

マウスの基本動作

マウスはコードを向こう側にして、手のひら全体でそっと包み込むように持ちます。マウスを滑らせるように動かすと、画面上のマウスポインターも動きます。

マウスを持ち上げている間は、マウスポインターは移動しません。マウスが机の端まで来てそれ以上動かせなくなったら、マウスをそっと浮かすようにして持ち上げ、机の上の適当な場所に置き、またそこから目的の方向へ動かします。このようにマウスをたぐるように動かすことで、机上のスペースが狭くても、画面のどこにでもマウスポインターを動かせるようになります。

クリック

マウスの左ボタンをカチッと押して、すぐ放す操作です。画面上に表示されている何かを選択するときや、表示された機能を実行するときに使います。

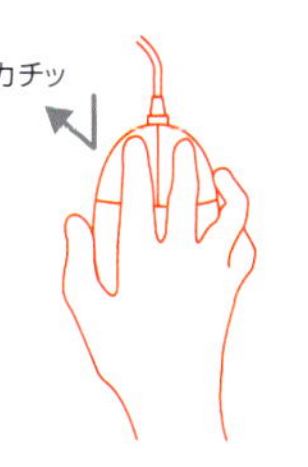

ダブルクリック

同じ場所で2回続けてカチ、カチッと素早くクリックする操作です。アプリケーションを起動するときや、ファイルやフォルダを開くときに使います。

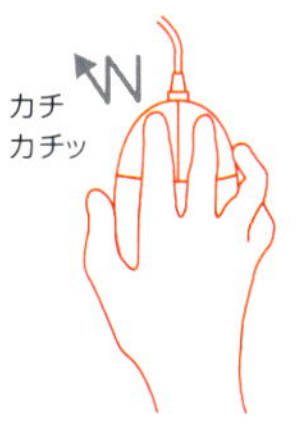

ドラッグ

左ボタンを押したままマウスを動かし、別の場所で放す操作です。画面上の範囲を指定するときや、画面上のものを別の場所に移動するときなどに使います。

ほかにもある便利な入力機器

キーボードとマウスのほかにも、タッチパッドやトラックポイント、トラックボール、ペンタブレット、ジョイスティック、ゲームパッドなど、さまざまな入力機器が利用できます。目的に応じた入力機器を使うと、パソコンが楽に操作できます。

さまざまな ポインティングデバイス

マウスのように、画面上のポインターを動かしてパソコンを操作する機器を**ポインティングデバイス**といいます。ポインティングとは「指差す」という意味です。

ノートパソコンでは、使い勝手を損なわずに省スペースを実現するため、いろいろなポインティングデバイスが使われています。

タッチパッド

タッチパッドは、ノートパソコンでもっとも一般的なポインティングデバイスです。トラックパッドとも呼ばれます。見た目はただの平らな板ですが、表面を指で触れたりこすったりすることによって操作します。指が触れたところの静電容量の変化を読み取って、位置をデータ化しています。

表面を軽くたたくタッピング動作で、マウスの左ボタンと同じ機能を果たします。

マルチタッチとは、複数の指の動作を組み合わせていろいろな操作を行うことです。2本の指を広げたり狭めたりすることで画面表示を拡大･縮小する、2本の指をそろえて上下左右になぞることで画面をスクロールする、本をめくるような指の動きで画面表示のページを切り替える、などの操作ができます。

トラックポイント

トラックポイントは、タッチパッドを搭載できないような小型のノートパソコンに採用されています。タッチパッドよりも省スペースです。

キーボードの、GとHとBの3つのキーの真ん中に、小さなボタンが顔を覗かせています。このボタンは細い棒の上についているもので、棒を前後左右に倒すことでポインターの位置を指示できます。スティックポイントとも呼ばれます。

タッチパッド

トラックポイント

トラックボール

トラックボールは、ボール式マウスのボールを底面から上面に移したような入力装置です。本体上面に露出した直径数センチほどのボールがあり、このボールを指や手のひらで転がしてポインターの位置を指示します。マウスのように移動する面積が不要なので、省スペースです。短所は、どうしてもホコリや汚れが付着するので掃除の必要があることです。

慣れるとマウスより使いやすいという人もおり、コンピューターを使った設計ソフトや、精度の高いグラフィックスを作成する描画ソフトの操作に使われる場合があります。

トラックボール

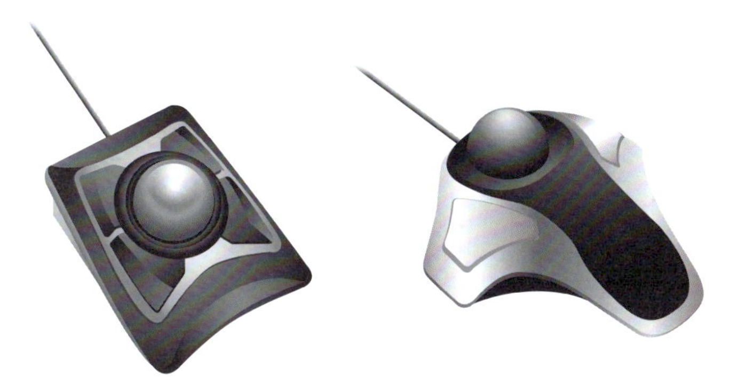

ジョイスティック、ゲームパッド

ジョイスティックは、ゲーム用としてよく使われる入力機器です。前後左右に倒せる棒でゲームキャラクタの位置を指示し、ボタンを押すことで弾を撃つなどの指示を送ります。ゲームパッドは十字形のボタンで上下左右を指定します。

ジョイスティック

ペンタブレット

ペンタブレットは、薄い板のような形状をしています。この板の上を電子ペンでなぞったり、ボタンを押したりすると、その情報をパソコンが読み取ります。グラフィックソフトでペンタブレットを使うと、自然な手描き感覚で絵を描くことができます。

ペンタブレット

プリンターの種類としくみ

プリンターは、パソコンで作った文書や絵を紙などに印刷する機械です。パソコン用のプリンターには、おもにインクジェットプリンターとレーザープリンターの2種類があります。インクジェットプリンターは以前と比べて性能が向上し、写真並みの印刷が可能になりました。

プリンターの種類

パソコンで一般的に使われているプリンターには、おもに2種類あります。

インクジェットプリンター

家庭用のプリンターとしてはもっとも普及しています。細かい粒子状にしたインクを紙に吹き付けることで印刷します。

安価で軽量コンパクトに作ることができ、印刷時の音が静かで、印刷がそこそこ速く、インクも長持ちするという利点があります。技術改良が重ねられ、ほとんど写真と変わらない微妙な色彩を表現できるようになりました。

レーザープリンター

しくみはコピー機とほぼ同じです。静電気を帯びたドラムにレーザー光で画像を描き、トナーと呼ばれる樹脂粉末を吸い寄せて、紙に加熱圧着して印刷します。にじみのない、くっきりとした精細な印刷ができます。高速で、解像度が高く、印刷コストも低くなっています。

難点としては、サイズが大きくて重い製品が多く、消費電力が比較的大きいことが挙げられます。カラーレーザープリンターはモノクロプリンターに比べて高価で重く、色ごとに異なるトナーを使うので、消耗品のコストも高くなります。

インクジェットプリンター

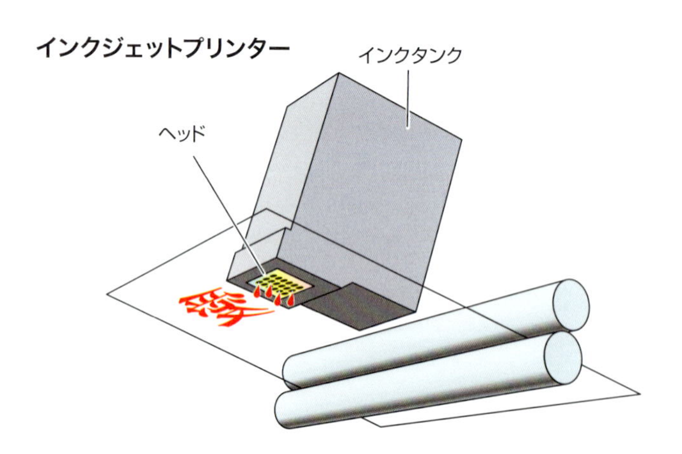

レーザープリンター

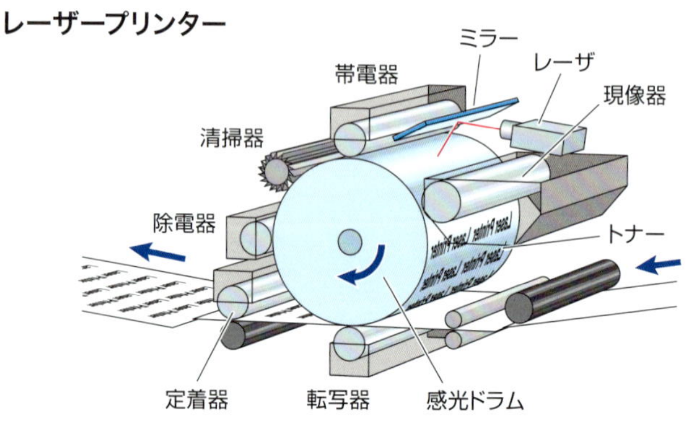

その他のプリンター

3Dプリンター

3Dプリンター（スリーディプリンター）は、コンピューターで作った3Dデーターをもとに、立体的な物体を作る機械です。プリンターというよりは製造機であり、樹脂などの素材を少しずつ積み上げたり、熱や光などを当てて素材を固めたりして立体物を作り上げます。医療や教育での利用が期待されています。

熱転写プリンター

簡易なレジスターなどで使われていて、熱で黒く変色する感熱紙を使って印刷します。熱で溶けるインクリボンを使って紙に転写する方式もあります。印刷時の音が静かで、安価でコンパクトに作れるのが利点です。難点は、印刷速度が遅いことです。感熱紙の場合は、熱を加えると用紙全体が変色することがあり、長期保存には向きません。

ドットインパクトプリンター

1980年台に主流だった方式です。印字ヘッド上の小さなピンでインクを塗ったリボンをたたき、紙にインクを転写する方式です。印刷時の音が大きく、印字速度も遅く、解像度も高くありません。複写式の伝票に印刷できるという利点があり、現在でも業務用として使われています。

カラープリンターの色表現方法

カラープリンターは、基本的に**C**(シアン)**M**(マゼンタ)**Y**(イエロー)の色の3原色に、黒(**K**)を加えた4色を使ってさまざまな色を再現します。ディザリング(Dithering)と呼ばれる、CMYKの各色の点を密度を変えながら配置する方法で、さまざまな色の階調を表現します。

写真印刷を重視するインクジェットプリンターでは、さらに中間色を加えて、6色や7色を使う機種もあります。インクの量も段階的に調整して、細かく表現しています。

プリンターの解像度dpi

プリンターの解像度は、印刷の点のきめ細かさのことです。単位は**dpi**で、1インチあたり何個の点を打てるかを表します。解像度が高くなればなるほど、緻密に印刷できます。そのかわりプリンターの構造は複雑になり、高価になります。

現在の主流はインクジェットで1,200dpi~9,600dpi程度、

1インチ
300個
300dpi

1インチ
600個
600dpi

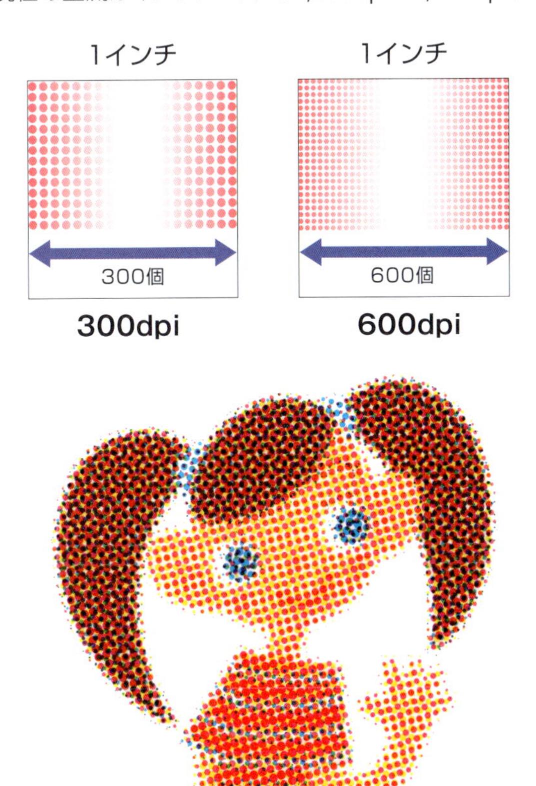

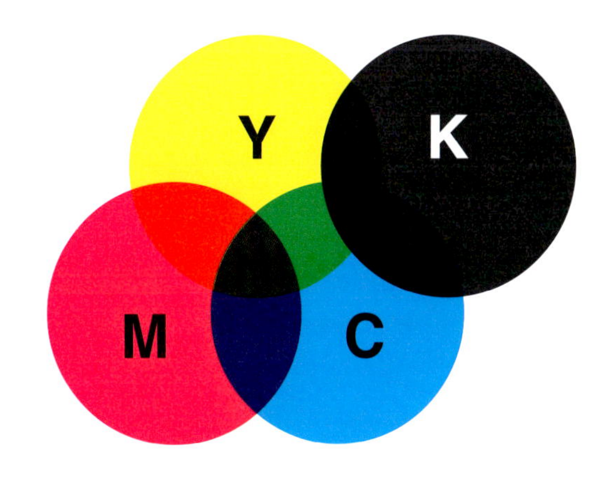

レーザーで600dpi~2,400dpi程度です。

なお、プリンターの解像度と印刷された画像の解像度は異なります。たとえば4色のカラープリンターの場合、1つの色(ピクセル)を少なくとも4つの点(ドット)の組み合わせで表現します。プリンターの解像度が1,200dpiといっても、印刷された画像の解像度は4分の1の300dpi相当になります。

プリンターの総合性能

印刷の品質を決めるのは解像度だけではありません。インクジェットプリンターは用紙によってインクがにじんだり、色が沈んだりします。写真の印刷には専用の光沢紙を使う必要があります。レーザープリンターはディザリングの方法が異なり、文字や線をくっきり印刷するのは得意ですが、細かい階調の表現は苦手です。

プリンターは、それぞれの方式の特徴を知って、用途に応じて選びます。本体価格だけでなくトナーまたはインク、紙などの消耗品にかかるコスト、印刷速度など、総合的に比較する必要があります。印刷物の耐光性や、時間の経過によって退色しない保存性も考慮すべき点です。

FAXやコピーと複合化が進むプリンター

プリンター、スキャナー、FAX、コピーの機能を1台の機械で実現させる複合機が人気です。4つの機能の全部ではなく、いくつかの機能を複合させた機械もあります。

複合機はそれぞれの機械を別々に買いそろえるよりも安く、消費電力も少なく、設置面積も少なくて済むという利点があります。

デジタルカメラと デジタルビデオカメラのしくみ

デジタルカメラはイメージセンサーによって光をとらえ、メモリに写真を記録します。デジタルビデオは動画データを内蔵メモリやメモリカードに記録します。撮影した画像はパソコンで見たり、印刷したり、ウェブサイトやSNSで公開したりできます。

デジタルカメラのしくみ

デジタルカメラのレンズを通った光は**イメージセンサー**に到達します。イメージセンサーは光学センサーとも呼ばれ、**CCD**（シーシーディ＝Charge-Coupled Device）と**CMOS**（シーモス＝Complementary Metal Oxide Semiconductor）という2つの方式があります。

イメージセンサーは赤、緑、青（RGB）の3つのフィルターをかけた受光素子で光の3原色の強さを測定し、電気信号に変換します。カメラのCPUはイメージセンサーからの信号を組み合わせて処理し、画素ごとの色情報を計算します。色補正や画像データの圧縮処理のあと、メモリに記録します。

デジタルカメラは撮った写真をその場で確認でき、フィルムも現像も不要で経済的です。写真はパソコンに送って、画面で見たり、加工したり、印刷したり、ウェブやSNSで公開したりできます。静止画だけでなく、動画の撮影も可能なデジタルカメラが増えています。

デジタルカメラ内のイメージセンサー

イメージセンサーが画質を左右する

イメージセンサーの表面には、光を電気信号に変える小さな素子が網の目状にたくさん並んでいます。イメージセンサーのサイズが大きいほうが高画質の撮影に有利です。多くのスマートフォンは1/3インチ（4.8×3.6mm）程度のセンサーを使いますが、画質を重視するカメラでは35mmフルサイズ（36×24mm）、APS-Cサイズ（24×16mm）などの大きめのセンサーを使っています。

CCDは早くからある方式で、ノイズが少なく感度が高くて、暗いところでもきれいに撮りやすいのが特長です。短所は電力消費量が大きく、製造コストが高い点です。

CMOSはCCDに比べて製造コストが低く、低消費電力な方式です。感度が低いため、暗いところでは画像にノイズが入りやすいのが短所です。そのかわり小型化しやすく、スマートフォンのカメラはほとんどがCMOSです。

CMOSは低コストで低消費電力なので、大型化するのに有利です。画像処理チップと一体化して開発され、ノイズキャンセル回路など、さまざまな改善が行われました。

その結果、大きなイメージセンサーを使うデジタル一眼レフカメラではCMOSが主流になり、デジタルビデオカメラでもCMOSがほとんどです。

画素数

画素数は撮影する画像が何個の点（ピクセル）でとらえられるかを表す数値で、デジタルカメラの性能を判断する材料の1つです。1,000万画素のデジタルカメラは、1枚の画像を約1,000万個の点でとらえます。100万画素をメガピクセルといい、13メガピクセルなら1,300万画素のことです。

画素数が多いほど緻密な写真を撮影できますが、データのサイズは大きくなります。また、イメージセンサーのサイズと画素数のバランスも重要です。イメージセンサーが小さいのに画素数が多すぎると、1ピクセルあたりの受光量が少なくなるので、画質が劣化することがあります。

画像データは圧縮して保存される

写真の画像データはサイズが大きいので、圧縮してサイズを小さくしてからメモリに保存されます。デジタルカメラで一般的な画像圧縮方法は、**JPEG**（ジェイペグ→104ページ）です。

多くのデジタルカメラでは、撮影時の画質が選べますが、これはJPEGの圧縮率の違いです。高圧縮にすると画質は低下しますがファイルは小さくなり、低圧縮にすると高画質ですがファイルは大きくなります。圧縮率は、写真の用途やメモリカードの容量に応じて選びます。

高画質を追求するデジタル一眼レフカメラでは、イメージセンサーからの信号を色情報に加工せず、RGBの単色情報のまま保存する**RAW**（ロー）という形式もあります。RAWデータをパソコンの「現像ソフト」で加工して、好みの写真に仕上げることができます。この操作を**RAW現像**といいます。

デジタル一眼レフカメラ、ミラーレスカメラ

デジタル一眼レフカメラの「一眼」とは、1つのレンズで物体からの反射光をとらえているという意味です。レンズが2つある「二眼」カメラと区別するための言葉です。「レフ」はレフレックス（反射）の略で、カメラの内部にミラー（鏡）を内蔵していることを意味します。物体からの反射光はレンズから侵入し、ミラーで光の方向を変えてファインダーに進みます。ファインダーから覗いてピントや構図を調節したり、光の加減を調節するなどして、どんな写真として表現するかを決めます。一般に、ミラーレスカメラよりデジタル一眼レフカメラのほうが写真の表現力が豊かであるとされています。

デジタル一眼レフカメラは写真の画質を第一に追及しているので、35mmフルサイズ（36×24mm）やAPS-Cサイズ（24×16mm）などの大きめのサイズのイメージセンサーを内蔵しています。交換レンズの種類も多く、撮影者の腕を大いにふるうことができます。

ミラーレスカメラはデジタル一眼レフカメラのミラーを省略したもので、そのぶん構造がかんたんでコンパクトにできます。デジタル一眼レフカメラと同じく大きめのイメージセンサーが使われており、レンズ交換もできます。

コンパクトデジカメやスマートフォンのカメラは、ミラーレスカメラよりもさらに構造がかんたんです。小さめのイメージセンサーを使っているため、写真の表現力では見劣りする場合があります。

デジタルビデオカメラ

デジタルビデオ（DV＝Digital Video）カメラの基本的なしくみは、デジタルカメラと同じです。数十分の1秒間隔で撮影した画像を連続して1つのファイルに保存します。動画だけでなく静止画も撮影できます。

動画は1秒間に約30枚もの画像で構成されるので、データ量が膨大になります。そのため、動画圧縮技術を使って圧縮してからメディアに保存されます。

動画のファイル形式は、**Motion JPEG**（モーションジェイペグ）、**MPEG-2**（エムペグツー）、**MPEG-4 AVC/H.264**（エムペグフォーエーブイシー/エイチニーロクヨン）などがあります（→139ページ）。

COLUMN

ピクセル（pixel）とドット（dot）

解像度の単位はピクセルまたはドットです。ドットは、名前の通り「点」を表します。ピクセルも点を表しますが、色情報を持っている点という意味を表しています。

いろいろな機器をつなげるUSB

USBの最大の利点は、さまざまな周辺機器を手軽にパソコンに接続できることです。キーボードやマウスをはじめ、いろいろな機器をつなぐことができますが、USBのバージョンの違いに注意しないと、機器の性能を十分に発揮できない場合があります。

USBとは

USB(ユーエスビー=Universal Serial Bus)は、パソコンに標準で搭載されている汎用的なインターフェースです。USBの最大の利点は、さまざまな周辺機器を手軽に接続できることです。キーボード、マウス、プリンター、スキャナー、モデム、デジタルカメラ、ハードディスク、光学ドライブ、無線LANアダプタ、MIDI楽器、スピーカー、USBメモリなど、さまざまな種類の機器を接続できます。

USBは**ホットプラグ**と**プラグアンドプレイ**に対応しています。パソコンの電源を入れたまま、機器をつなぐだけでOSに認識されて、すぐに使用できる状態になります。

USBのバージョン

USBにはいくつかのバージョンがあります。最初のUSB1.0は1996年に発表されました。USB1.0の速度は12Mbs(毎秒12メガビット)と遅く、まだそれほど使われませんでした。

2000年に発表されたUSB2.0は速度が480Mbps(毎秒480メガビット)に向上しました。キーボードやマウスなど、高速性を要求されない機器では現在でも使われています。

2008年に発表されたUSB3.0の速度は5Gbps(毎秒5ギガビット)で、USB2.0のほぼ10倍になりました。外付けハードディスク·SSDやウェブカメラなど、高速性が必要な機器もストレスなく使えます。逆に、USB3.0対応の外付けハードディスク·SSDをUSB2.0のコネクタに接続すると、遅すぎると感じる場合もあります。

その後、2013年にはUSB3.0の速度を10Gbps(毎秒10ギガビット)にした**USB3.1Gen2**という規格が発表され、従来のUSB3.0は**USB3.1Gen1**という名称に変更されました。つまり、「USB3.1Gen1とはUSB3.0のことであり、速度はUSB3.1Gen2の半分である」ということです。

USB3.1Gen2の10Gbpsは、理論上は1ギガバイトのデータを1秒足らずで送ることができる速度です。なお、2017年にはUSB3.1Gen2のさらに倍速の**USB3.2**が発表されました。

バージョンの混成に注意

USBでパソコンと周辺機器をつなぐ際、バージョンが違う機器やケーブルを混ぜると、遅いバージョンに合わせて転送が行われます。たとえば、パソコンのUSB3.0コネクタにUSB3.0対応の外付けハードディスクをつなぐ場合、USB2.0対応のケーブルを使用すると、USB2.0の速度でデータ転送が行われてしまいます。

USBコネクタの種類

パソコンのほか、スマートフォンやタブレットもUSBコネクタを搭載しています。このため、USB接続の機器の中にはスマートフォンやタブレットでも使えるものがあります。その場合は、USBコネクタの種類に注意が必要です。

旧来のUSBのコネクタは「タイプA」と「タイプB」が中心でした。最近登場した**USBタイプC**（USB Type-C）のコネクタは上下対称のため、コネクタの上下（または裏表）を気にせずにつなぐことができます。また、USBタイプCは映像出力にも利用でき、さらに最大100Wまでの電力供給も可能です。機器とケーブルが対応していれば、USBタイプCで液晶ディスプレイへの画面の表示やパソコンの充電ができます。

なお、スマートフォンやタブレットなど小型の機器では、USBタイプCのほか**マイクロUSB**のコネクタも使われています。また、デジタルカメラやメモリカードリーダーなどでは、マイクロUSBより少し大きい**ミニUSB**のコネクタも使われている場合があります。

USBバスパワー

USBはデータ転送だけでなく、USBコネクタにつないだ機器に5Vの電力を供給することもできます。これは**USBバスパワー**と呼ばれる機能で、外付けハードディスクに電力を供給したり、スマートフォンやタブレットを充電したりできます。

USBハブとUSB変換ケーブル

USBまわりの便利機器として、USBハブとUSB変換ケーブル／アダプタがあります。

USBハブはパソコン本体のUSBコネクタが不足する場合、USBコネクタを増やすために使います。この場合のハブとは「中継地」という意味です。

USB変換ケーブルは、USBコネクタの種類を変換するUSBケーブルです。たとえば、タイプAのコネクタからUSBタイプCやマイクロUSBのコネクタにつなぐ際に使用します。USBケーブルのコネクタの形を変換する「USB変換アダプタ」もよく使われます。

COLUMN

ホットプラグとプラグアンドプレイ

現在ではあたりまえでも、発表された当時は画期的だった技術はいろいろあります。USBの「ホットプラグ」と「プラグアンドプレイ」もその１つです。

ホットプラグとは、パソコンの電源を入れたままで機器を接続できる機能です。「ホットスワップ」とも呼ばれます。

プラグアンドプレイとは、パソコンに機器を接続すると自動的にOSが認識して、使用できるようになる機能です。

COLUMN

インターフェース

パソコンに接続する部品や周辺機器は、決まった規格に従って相互に電気信号をやりとりします。そのための信号線の数や接続口（コネクタ）の形も細かく決められています。このような、機器間の接続に関する決まり事やしくみを「インターフェース」といいます。USBはパソコンでもっともよく使われているインターフェースです。

ネットワークとは

複数のパソコンをつなぐことを「ネットワークを組む」といいます。ネットワークを組むことにより、複数のパソコンでプリンターなどの機器を共有したり、データをスムーズにやりとりしたりできるようになります。インターネットも巨大なネットワークの一種です。

ネットワークのメリット

パソコンを1台だけで使うより、複数でつないでネットワークで使った方が便利なことが増えます。

❶ データを共有できる

ディスクやメモリカードで他のパソコンとデータをやりとりすると、メディアを入れ替えたり、離れた場所にメディアを送付したりする手間が必要です。ネットワークでつなげれば、まるで自分のパソコン内のデータであるかのように、直接やりとりができます。

ネットワークを使えば、ウィンドウズとMacなどの異機種間でもかんたんにデータを交換できます。みんなで使うデータをネットワーク上のサーバー(→67ページ)に集めることもできます。データの管理が効率的になり、データの安全性や信頼性も向上します。

❷ 限られた機器を有効利用できる

大容量のハードディスクや高品質のプリンターをネットワークにつなぐと、複数のパソコンで共用できます。また、ネットワークにつながっている複数のパソコンから、同時にインターネットにつなぐことができます。

❸ コミュニケーションに使える

電話のかわりにメールする、写真のかわりに画像データを送る、自分の持っている情報をホームページで公開する、グループでのスケジュールを管理するなど、離れた場所にいる人や多人数を相手に手軽に連絡ができます。

LANとWAN

会社内、学校内、ビル内、フロア内、オフィス内、部署内、家庭内など、限られた範囲でネットワークを組むことを**LAN**(ラン=Local Area Network)といいます。ネットワークの最も小さな形態です。

もっと広い地域でのネットワーク、たとえば、同じ会社の支店を結ぶようなネットワークを**WAN**(ワン=Wide Area Network)といいます。WANはLANどうしをつないだ形態です。インターネットは最大のWANであるといえます。

クライアント/サーバー

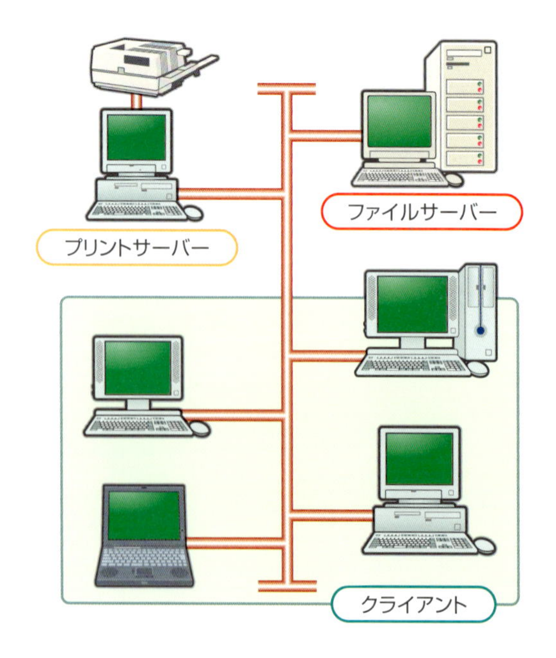

ピアツーピア

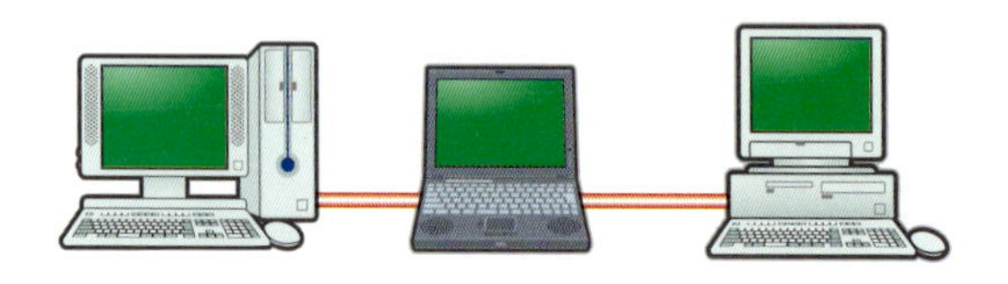

サーバーとクライアント

ネットワーク上には、複数のコンピューターがあります。このうち、データやサービスを提供するコンピューターを**サーバー**、データを要求して受け取るコンピューターを**クライアント**といいます。

サーバーとクライアントの役割は必ずしも固定されているわけではなく、同じコンピューターがそのときによってサーバーにもクライアントにもなることがあります。

たとえば、インターネットに接続してウェブページを見ているときは、インターネットにあるコンピューターがサーバー、自分のパソコンがクライアントです。自分のパソコンにあるデータをほかのパソコンと共有する場合は、自分のパソコンがサーバー、相手のパソコンがクライアントになります。

ピアツーピア（P2P）ネットワーク

最低2台のパソコンを対等に結び付ける形態のLANが、ピアツーピア（Peer to Peer＝**P2P**）型です。お互いのパソコンが、場合によってサーバーにもクライアントにもなります。

P2Pを使うと、インターネット回線を利用しつつも、サーバーを介さずにパソコンどうしで直接データのやりとりができます。サーバーを利用しないので、リアルタイムの通信に向いてます。利用例としては、LINE通話やIP電話のSkype（スカイプ）などがあります。

ネットワークの規格としくみ

LANを組むには、パソコンどうしをケーブルや無線でつなぐ必要があります。その際、すべてのパソコンでLAN接続の統一された通信規格を使う必要があります。その統一された通信規格がイーサネットです。現在のパソコンはすべてイーサネットに対応しています。

イーサネットとは

イーサネット（Ethernet）は、パソコンでネットワークを組むための規格です。パソコンにはイーサネットのLANポートが装備されており、ここにLANケーブルを差し込めばLANにつなぐことができます。コネクタは**RJ45**という規格で、固定電話のモジュラージャックをひとまわり大きくしたような形状です。

イーサネットは速度によって、以下のような規格があります。現在は1000BASE-Tか100BASE-TXが使われています。

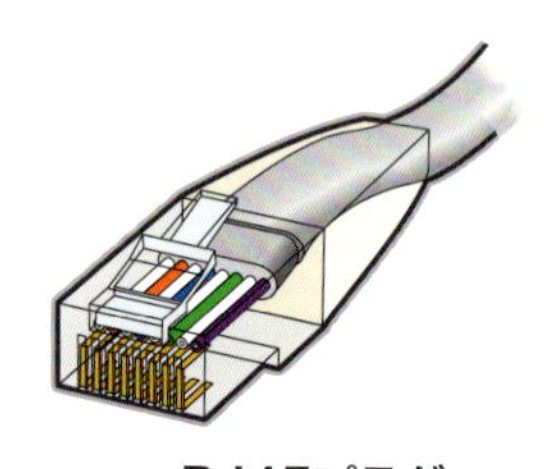

RJ45プラグ

LANケーブル

イーサネットで使うケーブルには、通信の品質によって**カテゴリー**という分類があります。よく使われるのはカテゴリー6（シックス）です。数字部分が大きいほうが高速対応です。

用途により結線の違いがあり、通常LANにつなぐ場合はストレートケーブルを使いますが、パソコンどうしを直接つなぐ場合はクロスケーブルを使います。

ハブ

ハブ（Hub）はLANを流れる信号の振り分けを行う機器です。複数台のパソコンをLANに接続するときに使います。この場合のハブは「中継地」や「車軸」という意味の言葉で、ちょうど車軸から車輪のスポークが何本も伸びるように、ハブを中心に各パソコンがケーブルでつながります。

1000BASE-T（せんベースティ）

転送速度1Gbps（1,000Mbps）のイーサネット規格です。ギガビットイーサネットとも呼ばれ、現在の主流です。

100BASE-TX（ひゃくベースティエックス）

データの転送速度は最大100Mbpsです。

10BASE-T（テンベースティ）

データの転送速度は最大10Mbpsです。現在の水準としては低速で、もはや時代遅れとなっています。

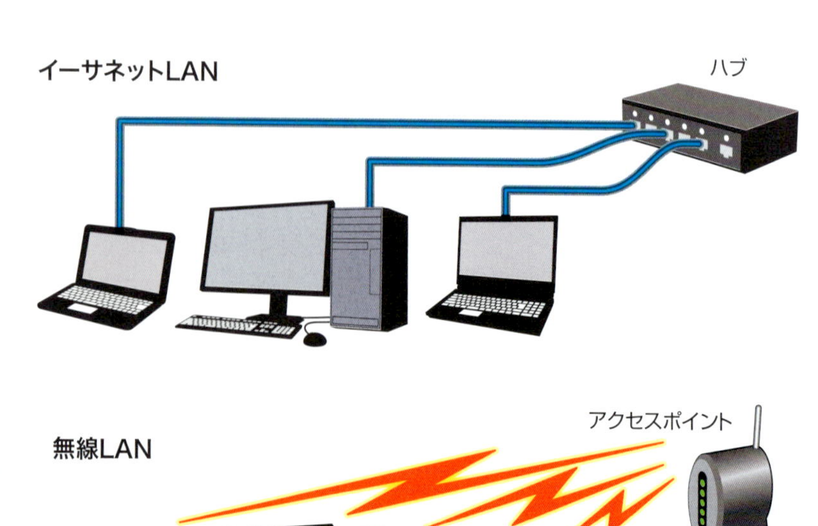

サーバー用のOS

小規模のLANなら、ウィンドウズやmacOSが備えるサーバー／クライアント機能を利用して、ファイルやプリンターを共有できます。パソコンをハブにつなぎ、ネットワーク関連の設定をするだけで、サーバーにもクライアントにもなります。

大規模なLANではサーバー用のコンピューターを用意して、サーバー用OSを使います。サーバー用OSを使うと、パソコン用OSよりも安全で安定したネットワーク運営ができます。

サーバーOSには、LinuxやFreeBSDなどのUNIX系のOSがよく使われます。UNIXには、ウィンドウズが出現する前からネットワーク環境で使われ続けてきた実績があるからです。ウィンドウズにも、Windows Server（ウィンドウズサーバー）というサーバー用OSが用意されています。

DHCPとは

ネットワークの通信規格にはTCP/IP（→118ページ）を使うことが一般的ですが、ネットワーク内のパソコンに固定したIPアドレスを与えず、パソコンをネットワークに接続したときに自動でIPアドレスを割り当てる機能を**DHCP**（ディエイチシーピー＝Dynamic Host Configuration Protocol）といいます。

ネットワーク内でIPを割り当てるコンピューターをDHCPサーバーといいますが、小規模のLANではルーターがDHCPサーバーを兼ねています。パソコンをルーターにつなげば、自動的にIPアドレスが割り振られます。

COLUMN

ホームネットワーク

近年は家庭でもLANを組むことがふつうになりました。パソコンだけでなく、家庭用の電化製品もLANにつないで使えるようになりつつあります。これをホームネットワークといいます。**DLNA**（Digital Living Network Alliance）はその規格です。

2006年ごろからDLNA対応のAV機器やネットワーク記憶装置（NAS＝Network Attached Storage）が登場して、普及しています。

ネットワークにつなぐために必要なもの

インターネットを利用するためには、モデムやルーターなどの通信機器が必要です。かつては固定電話の回線が使われていましたが、現在は光回線やADSL、ケーブルテレビの回線など、定額で常時接続できる「ブロードバンド」と呼ばれる高速の回線が普及しました。

パソコンと通信機器

パソコンをインターネットに接続するには、ルーターやモデムといった通信機器が必要です。インターネットに接続する回線の種別によって、必要な通信機器が異なります。複数のパソコンをつないでLAN（→66ページ）で使うには、LAN機能が必要です。

データ通信の速度

データ通信の速度を表す単位は**bps**（ビーピーエス＝bits per second）です。bpsは1秒間に何ビットのデータを送れるかを示す数値で、大きいほど高速です。

たとえば、8メガbpsは1秒間に8,000,000ビットのデータを送れる速度です。1枚1メガバイト（＝約8メガビット）の画像ファイルなら、1秒で送信できる計算です。

ブロードバンド（→121ページ）の通信速度は、おおむね10メガbps（Mbps＝1,000kbps）から10ギガbps（Gbps＝1,000Mbps）程度です。光ケーブル回線では100メガ～10ギガbpsの速度を実現しています。

データ通信の実効速度（実際のスピード）は、回線の種類（電話線や光ケーブルなど）、プロバイダーとの契約内容、回線の混雑具合、パソコンや通信機器の性能、プロトコルの種類など、さまざまな要素が影響して決まります。とくに、回線の混雑具合は常に変化するので、実効速度も常に変化します。

モデム

モデム（MODEM）とは、MOdulator-DEModulator（変復調装置）の略で、パソコンが扱えるデジタルデータと、通信回線で送信できる信号とを相互に変換する装置です。回線の種類によって、使用するモデムは異なります。

ADSLやケーブルテレビ、HD-PLCなどのブロードバンド回線用のモデムは、電話回線用モデムとは規格や通信方法が異なり、回線業者からのレンタルで使う場合もあります。1.5Mbps、8Mbps、10Mbps、40Mbps、100Mbps、またはそれ以上の速度でインターネットに接続できます。

ADSLモデム

ADSL回線でインターネット接続するモデムです。電話線にスプリッタと呼ばれる機器を取り付け、電話回線を分けて、電話機とADSLモデムをつなぎます。

ケーブルモデム

ケーブルテレビ（CATV）の回線でインターネットに接続するモデムで、ケーブルテレビの同軸ケーブルにつないで使います。ケーブルテレビ会社からのレンタルの場合が多いようです。

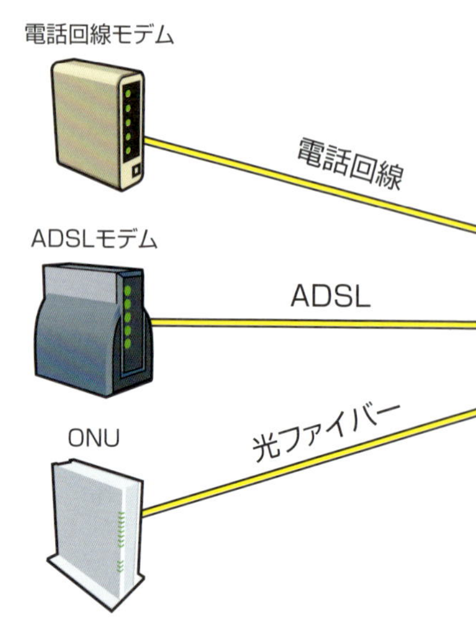

電話回線用モデム

通話用の固定電話回線を使ってインターネットに接続するためのモデムです。通信速度は遅く、最高でも56kbpsです。

HD-PLCモデム

HD-PLC（エッチディピーエルシー＝High Definition Power Line Communication）は高速電力線通信の略です。家庭のコンセントに差し込むことで、インターネットに接続するモデムです。HD-PLCはノイズの影響を受けやすいのが欠点です。

ONU（オーエヌユー）

ONU（Optical network unit＝光回線終端装置）は光回線を使ってインターネットに接続するときに使用する機器です。パソコンの電気信号と光ケーブルからの光信号を相互に変換する役割があります。他の通信回線でのモデムに相当する機器です。

ルーター

ルーター（Router）とは、LANをインターネットと接続するための機器です。ルーターを使うと、LANにつながっている複数のパソコンから、同時にインターネットに接続することができます。ルーターはインターネット上のグローバルIPアドレスと、LAN内のプライベートIPアドレスを相互に変換する役割を持っています（→119ページ）。

回線に対応するモデムあるいはONUにルーターを接続し、ルーターをLANに接続して、パソコンをインターネットにつなぎます。ADSLやCATV用のモデムを内蔵したルーターもあります。ブロードバンド回線用なので**ブロードバンドルーター**と呼ばれます。無線LAN（→72ページ）のアクセスポイント機能を備えた無線ルーターもあります。

LAN機能とLANポート、無線LAN機能

パソコンにはLANで通信するための機能と、LANケーブルを接続するLANポートが装備されています。最近のパソコンのLAN機能は、1000BASE-T（ギガビットLAN）に対応しています。

ノートパソコンのほとんどは、有線LANと無線LANの両方、またはどちらかの機能を搭載しています。無線LAN機能がないパソコンでも、USB接続の無線LANアダプタを利用できます。

COLUMN

テザリング

テザリング（Tethering）は、インターネットに接続したスマートフォンをアクセスポイント（親機）として、パソコンとWi-Fi（→73ページ）で接続してインターネットにつなぐことです。外出先でも、スマートフォンを中継してパソコンをインターネットに接続できます。必要な手続き、料金、データ通信量の上限などについては、携帯電話会社との契約内容を確認してください。

インターネットに接続する通信機器

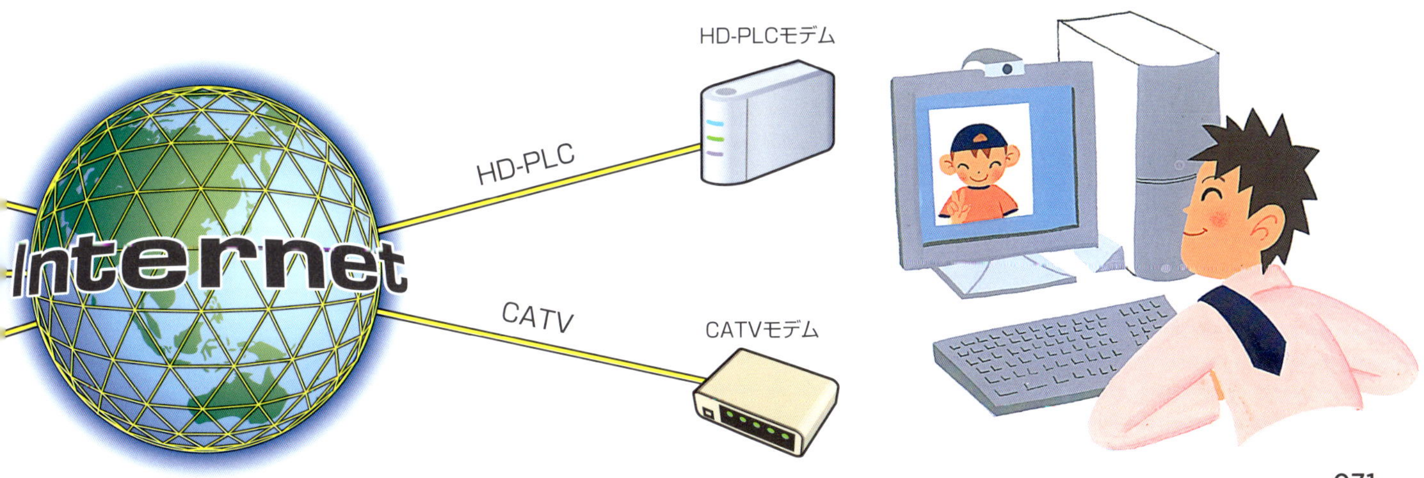

コードが不要な無線LAN&ブルートゥース

ケーブルを使わず、無線でネットワーク内の通信を行うのが無線LANです。パソコンはもちろん、タブレットやスマートフォンもかんたんに接続できます。 ブルートゥースでは周辺機器や家電までも無線でつなぐことができます。

無線LANのメリット

無線LAN(むせんラン)は無線でつなぐネットワークです。ケーブルが不要で、電波の届く範囲ならどこでもネットワークに接続できます。パソコンの置き場所を変えても、ケーブルを敷き直す必要がありません。ノートパソコンならLANにつないだまま移動でき、自由な場所でインターネットが使えます。

無線LANでは、**アクセスポイント**という機器がハブの役割を果たします。アクセスポイントが親機で、パソコンやスマホが子機となり、電波で通信を行います。

無線LANの注意点

無線で送るデータは暗号化が可能ですが、電波は建物の外部にも伝わるため、盗聴の危険性はゼロではありません。知らないうちに、無線LANを第三者に勝手に使われてしまう可能性もあります。また、電子レンジなど他の家電製品の電磁波の影響で伝送速度が落ちることもあります。

無線LANの規格

無線LANの機器には、11acや11nなどの記述があります。11の部分は、**IEEE**(アイトリプルイー)802.11の規格に沿っているという意味です。後ろのアルファベットの意味を整理しておきしょう。

IEEE 802.11ac(エーシー)

2013年に標準化された新しい規格です。5GHz帯の電波を使用し、IEEE 802.11nの拡張技術を使って、理論上は6.93Gbpsの超高速通信が可能です。

IEEE 802.11n(エヌ)

2009年に標準化された規格です。2.4GHz/5GHz帯の電波を使用し、最大通信速度600Mbps、実効速度100Mbps以上の通信を実現します。

IEEE 802.11g(ジー)

2.4GHz帯の電波を使用し、最大で54Mbpsの速度で通信が可能です。IEEE 802.11b対応の機器とは、最大11Mbpsでの通信が可能です。

IEEE 802.11a(エー)

5GHz帯の電波を使用して、最大伝送速度54Mbpsを実現します。周波数帯が異なる11gや11bの規格とは互換性がありません。

IEEE 802.11b(ビー)

無線LANの初期に普及した規格です。2.4GHz帯の電波を使用して、最大通信速度11Mbpsです。

COLUMN

公衆無線LAN、Wi-Fiスポット

駅、空港、ホテル、ファーストフード店、ショッピングモールなどで、無線LANのアクセスポイントを開放している場合があります。これを**公衆無線LAN**、または**Wi-Fiスポット**といいます。無料または有料で利用できます。通信速度や使い勝手は、一般の無線LANと同等です。不特定多数の人が利用するので、利用する際のセキュリティには注意が必要です。

Wi-Fiとは

Wi-Fi（ワイファイ＝Wireless Fidelity）とは、本来は「無線LANの標準化団体である、Wi-Fiアライアンスの認証を受けた」という意味です。現在は、Wi-Fiは無線LANの別名として使われています。

メーカーが異なっても、Wi-Fiロゴがついた機器であれば電波による相互接続が可能です。携帯電話、スマートフォン、デジタルカメラ、ゲーム機など、さまざまな機器がWi-Fiに対応しています。

ブルートゥース（Bluetooth）

ブルートゥースは近距離向け無線通信規格です。2.4GHz帯の電波を使い、最高通信速度は24Mbpsです。通信距離は10メートルで、機器によっては見通し距離で100メートルくらいまで伝送できます。

データを暗号化し、通信相手を確認する認証機能を備えています。7台までの機器をネットワークでき、ネットワークどうしをネットワークすることもできます。

ブルートゥースという名前は、10世紀にデンマークとノルウェーを統一した王の名前に由来しています。

ブルートゥースの使われ方

ブルートゥースは電波が届く範囲が比較的狭く、通信速度も無線LANほど速くありませんが、安価で消費電力が少ないのが利点です。手近な機器どうしを、必要なときだけワイヤレスでつなぐ場合に便利です。

ブルートゥースの用途は汎用的です。パソコンではキーボード、マウス、スピーカー、ヘッドフォンなどとの接続で使われます。パソコンとスマートフォンをつないでインターネット接続をする、テザリング（→71ページ）でも使われます。

パソコンのほかにも、AV機器とヘッドフォン、ゲーム機とコントローラ、スマートフォンとヘッドセット、スマートフォンとカーナビなど、さまざまな機器どうしの接続で利用できます。

COLUMN

身近な無線通信、赤外線通信

携帯電話間でのメールアドレスの交換や、カメラ画像をプリンターで印刷するための無線通信として、赤外線通信が使える機器もあります。規格は**IrDA**（アイアールディエー＝Infrared Data Association）と呼ばれます。通信距離は1m以内で、通信速度は1～4Mbpsです。電波と違って、赤外線は間に障害物があると通信できません。

PART 3 ソフトウェアを知る

ソフトウェアはパソコンをいろんな役がらに早変わりさせます。
パソコンの使い勝手を決定付ける基本ソフト＝OSもソフトウェアです。
パソコンを使って具体的に何かをするために必要となる
ソフトウェアについて解説します。

Wow!
Beautiful!

パソコンで使うソフトウェア

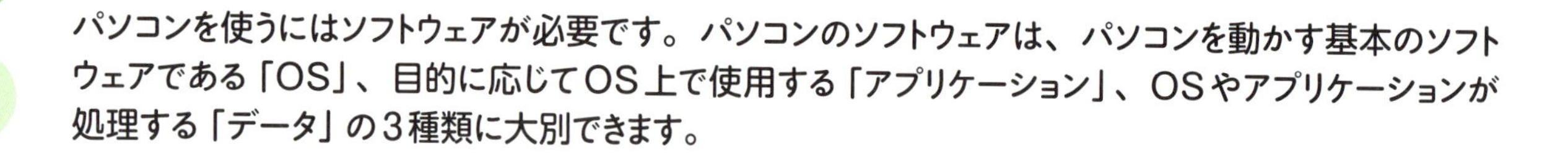
パソコンを使うにはソフトウェアが必要です。パソコンのソフトウェアは、パソコンを動かす基本のソフトウェアである「OS」、目的に応じてOS上で使用する「アプリケーション」、OSやアプリケーションが処理する「データ」の３種類に大別できます。

いろいろなソフトウェア

ソフトウェアとは、「パソコンに仕事をさせるための命令や情報の集まり」のことです。ソフトウェアを構成する命令や情報は、0か1かのデジタル情報に変換され、ハードディスクやUSBメモリ、CDやDVDなどに記録されています。

ソフトウェアは大きく3つに分けることができます。パソコンの使い勝手を決める**OS**、パソコンに具体的な仕事をさせる**アプリケーション**、画像や音楽などの**データ**そのものです。

OSは基本ソフト

OS（オーエス=Operating System）はパソコンを使ううえで、必要不可欠な機能をまとめたソフトウェアです。基本ソフトとも呼ばれます。

OSはパソコンの使い勝手（**ユーザー・インターフェース**）を決定付けるソフトウェアです。マウスでパソコンを操作できるのも、キーを押すとデータが入力できるのも、すべてOSのおかげです。

OSには、アプリケーションの動作の土台となる役目もあります。OSに用意されている部品的な機能を利用することにより、個々のアプリケーションは効率的に動作しています。パソコンのOSとしてもっとも一般的なのはウィンドウズです。

アプリケーションは目的別ソフトウェア

OSだけでは、パソコンは実際の仕事や趣味などには使えません。文書を作成するならワープロソフト、ゲームをするならゲームソフトというように、目的に応じたソフトウェアを別途用意することが必要です。

こういった目的別のソフトウェアのことを、**アプリケーションソフトウェア**といいます。略して**アプリケーション**、または**アプリ**とも呼ばれます。一般にパソコンソフトといえば、アプリケーションのことを指します。

目的に応じてそろえるので、パソコンを使う人によって必要なアプリケーションは異なります。同じ目的のためのアプリケーションでも、製品によって使い勝手や機能などさまざまな点で違いがあり、好みに応じて選べます。アプリケーションの入手方法は、大きく分けて2種類あります。インターネットの専用サイトからダウンロードする方法と、実店舗の店頭やネット通販で製品のパッケージを購入する方法です。

アプリケーションを起動する

アプリケーションのアイコンをダブルクリックしたり、メニューからアプリケーション名をクリックすると、該当するプログラムが記憶装置(ハードディスク・SSDなど)からパソコン本体のメモリに読み込まれます。そして画面にウィンドウを表示し、アプリケーションの機能が使える準備完了の状態になります。

このように、アプリケーションの機能が使える状態にすることを、「アプリケーションを**起動**する」といいます。

アプリケーションのインストール

アプリケーションを使うには、そのプログラムをパソコンの記憶装置にコピーして、自分のパソコンで正しく動作するように設定をする必要があります。この一連の作業を**インストール**といいます。

アプリケーションをインストールするには、アプリケーションに付属する**インストーラー**、または**セットアップ**というプログラムを実行します。インストーラは、プログラムのコピーや設定の作業をほとんど自動で行ってくれます。

買ったばかりのパソコンにアプリケーションがインストール済みになっていることを「プリインストール」といいます。インストールの作業なしでアプリケーションを使えるので便利ですが、すべてのユーザーが必要とするわけではありません。プリインストールのアプリケーションが不要なユーザーにとっては、ハードディスク・SSDの空き容量が無駄に減ることがデメリットになります。

ソフトウェアのバージョン

バージョンとはソフトウェアの新しさを表す数字のことで、書籍でいう版数に相当します。ソフトウェアは機能アップをめざして、常に改良されています。同じ名前のソフトウェアでも、開発時期によって内容に違いがあります。

バージョンの数字は、大きな改訂や全面的な改訂を整数部分で表し、小さな改訂を小数点以下で表すのが一般的です(3.1.4などのように、複数の小数点が付く表し方もあります)。ソフトウェアによっては、文字列や西暦をバージョン名とする場合もあります。

バージョンアップ

OSやアプリケーションを新しいバージョンのものに差し替えることを**バージョンアップ**といいます。

バージョンアップで気を付けたいのが、データの互換性です。以前のバージョンで作ったデータが、新しいバージョンで読み込めないと困ります。たいていのアプリケーションは、以前のバージョンで作ったデータも読める上位互換となっているか、以前のバージョンで作られたデータを新しいデータ形式に変換する機能が備えられています。

OSやアプリケーションをバージョンアップする際、古いパソコンではOSやアプリケーションの動作条件を満たすことができない場合もあるので注意が必要です。

パソコンのOSの役割

OSはパソコンの基本的な機能を実現するソフトウェアです。OSの作りがパソコンの使い勝手を決定し、パソコンにOSがインストールされて、はじめてアプリケーションを利用できます。つまり、OSはパソコンでアプリケーションが動作するための前提といえます。

OSとは

OS(オーエス)は**Operating System**の略で、「制御するしくみ」という意味です。OSは、さまざまな役割を分担する多数のプログラムが部品のように集まってできています。

OSはパソコンを使うときの基礎・基本となるソフトウェアであり、OSがないとパソコンが機能しません。

パソコン用OSの種類

パソコンのOSは1種類だけではありません。現在、パソコンで使われているOSはおもに3つあります。

いちばんユーザー数が多い**ウィンドウズ**(Windows)、少数派ながら洗練された操作性で独自のファンを持つ**macOS**(マックオーエス)、そして、UNIX互換で無料で使える**Linux**(リナックス)です。

OSの役割

❶ 人がパソコンを操作する方法を提供する

OSは、データやアプリケーションなどのファイルをアイコンとして画面に表示したり、メニューを表示したりなど、人がパソコンを操作するのに必要な機能を提供します。これを**ユーザー・インターフェース**(UI＝User Interface)といいます。

たとえば、画面上のアイコンをダブルクリックするとアプリケーションが起動して、ウィンドウが開いたりするしくみはOSが提供する機能です。このような、グラフィック表示される画面で操作する方法を**GUI**(ジーユーアイまたはグイ＝Graphical UI)といいます。

OSはアプリケーションに対して、共通に使える基本機能を提供しています。アプリケーションにおけるメニュー表示、ファイル保存ウィンドウの表示、OKボタンの表示などは、OSに用意されている部品的な機能を利用して実現されています。これによって、アプリケーションを効率よく開発できるという利点があります。

OSがパソコンの使い勝手を決定しているので、異なるアプリケーションでも、同じような方法で操作することができます。

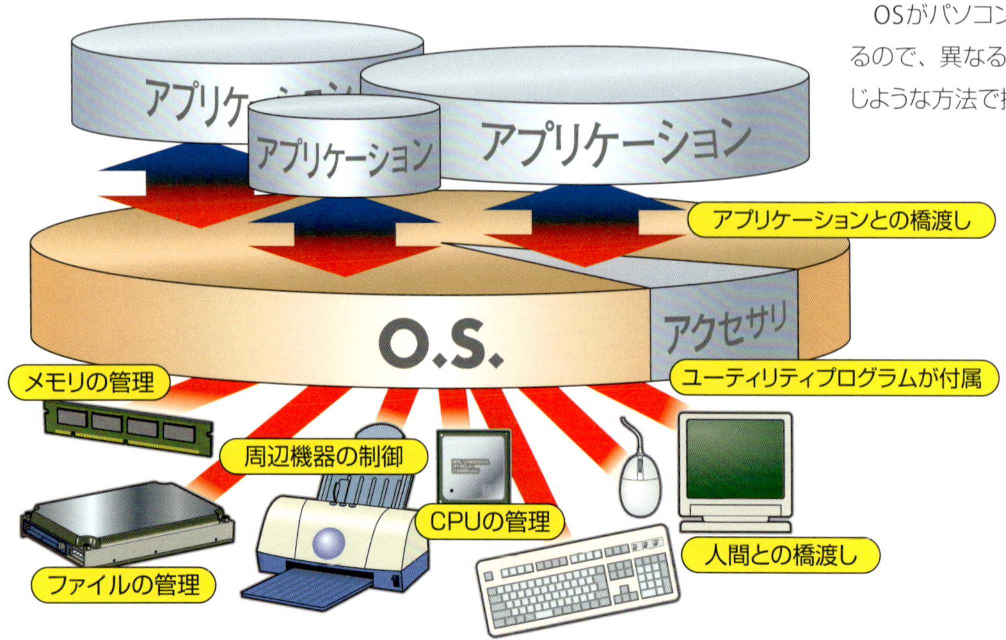

❷ ハードウェアをコントロールする

OSはCPU、メモリ、ハードディスク·SSD、ディスプレイ、キーボード…など、パソコンを構成するあらゆる部品をコントロールしています。OSが知らないハードウェアをパソコンに接続しても、正常に動作させることはできません。

たとえば、キーボードやマウスから入力されるデータの受け取り、ディスクへのデータの読み書き、ディスプレイへの文字や図形の表示、プリンターへの印刷データの転送などはOSが処理しています。

❸ アプリケーションとハードウェアとの橋渡しをする

アプリケーションはCPUやその他のハードウェアに直接指示を出すことはせず、OSを通して要求を出します。OSはアプリケーションからの要求を整理して、CPUに具体的な指示を出します。

OSはアプリケーションごとのCPUの利用時間の割り当て、利用するメモリ領域の確保、画面表示の割り当てやプリンターへの出力の順番待ちなど、複数のアプリケーションの入力や出力要求を整理してハードウェアに伝えます。

OSがアプリケーションとハードウェアの橋渡しをしてくれることにより、パソコンの機種の違いによる機械としての微妙な差を意識せずに、アプリケーションのプログラムを作ることができます。異なるメーカーのパソコンでも、共通のアプリケーションが使えるのは、OSのおかげなのです。

❹ 基本的なアプリケーションが付属する

OSには、かんたんな文書を書く、ちょっとした絵を描く、電卓で計算する、ファイルを探すなど、パソコンでよく利用する小道具的なアプリケーションが付属します。このようなアプリケーションをアクセサリ、またはユーティリティといいます。

このほか、ウェブブラウザ、メールソフト、音楽や動画を再生するプレーヤーなど、比較的大型のアプリケーションも付属しています。

COLUMN

モバイル端末のOS

iOS（アイオーエス）はmacOSを開発したアップル社がiPhoneやiPad、iPod touchなどのモバイル端末向けに開発したOSです。

Android（アンドロイド）はグーグル社がスマートフォンやタブレットなどの用途に開発し、無償で提供しているOSです。Linuxをもとに作られています。

どちらのOSも、画面を指で触れて直感的に操作できるように作られています。

もっともよく使われるウインドウズ

ウィンドウズ（Windows）はマイクロソフト社が開発したOSです。現在、パソコン用のOSとしては圧倒的な市場占有率で、もっとも標準的なOSとなっています。最初のウィンドウズ1.0が登場したのは1985年で、2018年の時点での最新版はウィンドウズ10です。

ウィンドウズの特長

❶ グラフィック表示の画面は美しくてわかりやすく、マウスによる直感的な操作が可能です。パソコンがはじめての人でもかんたんに使えます。

❷ 一画面に表示しきれない情報を、**ウィンドウ**と呼ばれる枠を通して見ることができます。ウィンドウ内の情報を上下左右に移動させることで、全体を見ることができます。

❸ パソコンの画面内に複数のウィンドウを表示し、それぞれに別々の内容を表示する、**マルチウィンドウ**機能を備えています。

❹ 複数のアプリケーションを同時進行で動作させる、**マルチタスク**機能があります。

❺ データのコピー・移動が、紙の切り貼り作業と似た感覚で直感的に行えます。

❻ 画面で見ている状態のまま印刷できるしくみがあります。

❼ 明朝体やゴシック体などの複数のフォントを効果的に使い分けることができ、文字の拡大や縮小がきれいにできます。OSに付属のフォントだけでなく、気に入ったフォントを追加してインストールすることができます。

❽ 文字データ以外にも、音声や画像のデータ、動画データなど、さまざまな種類のデータを扱うことができます。

❾ 各アプリケーションの基本的な部分での操作性が、ほぼ同じになっています。1つのアプリの操作をマスターすれば、別のアプリも短期間で使えるようになります。

❿ **プラグアンドプレイ**という、パソコンに接続した周辺機器を自動的に認識するしくみを備えています。

⓫ インターネットやネットワークとの融合性が高く、インターネットを使うためのブラウザやメールソフトなどが付属しています。

最新版はウィンドウズ 10

ウィンドウズ**10**(テン)は2015年に発売された、最新版のウィンドウズです。従来のウィンドウズで使用されていたスタートメニューと、ウィンドウズ8で採用されたライブタイルを統合するなど、ウィンドウズ 8/8.1で評判のよくなかったユーザーインターフェースが改良されています。

また、起動時間の高速化をはじめ、音声アシスト機能による検索、新しいデザインの設定画面、インターネットエクスプローラにかわる標準ブラウザ**エッジ**(Edge)の搭載など、さまざまな改良が加えられています。

ウィンドウズ8/8.1

ウィンドウズ8(エイト)はウィンドウズ7の後継として、2012年に登場しました。ウィンドウズ8は従来のウィンドウズの機能を引き継ぎながら、大胆な改革を取り入れました。

ウィンドウズ7まではスタートボタンからアプリケーションを起動しましたが、ウィンドウズ8ではスタートボタンは廃止されました。また、**Modern UI**(モダンユーアイ)と呼ばれるシンプルな画面表示、アプリの情報を表示する**ライブタイル**、画面に触れて操作する**タッチ操作**などの機能を搭載し、見た目と操作性が大幅に変更されました。さらに、必要メモリ量の減少、ウイルスやセキュリティ対策の強化、クラウドの活用など、OSの機能も強化されています。

ウィンドウズ8のこれらの改変は、以前からのユーザーにはあまり受け入れられませんでした。このため、スタートボタンの復活など小さな改良を加えたウィンドウズ8.1が2013年に登場しました。

なお、ウィンドウズ8.1のサポート期間のうち、セキュリティ更新やバグの修正のほか、仕様変更や新機能の追加など幅広い支援がある**メインストリームサポート**は2018年1月に終了しています。セキュリティ更新やバグの修正のみの**延長サポート**は2023年1月10日まで提供されます。ウィンドウズ8はサポートの対象外で、ウィンドウズ8.1にアップグレードした場合のみ延長サポートが提供されます。

ウィンドウズ7

ウィンドウズ**7**(セブン)はウィンドウズVistaの後継として、2009年10月に登場しました。好評とはいえなかったウィンドウズVistaに対して、日常の仕事を快適に処理できるよう、堅実的な機能アップを実現しています。

デスクトップ画面はより見やすくなり、よく使うアプリケーションやファイルを見付けやすくする工夫が施されました。**マルチタッチ**(→58ページ)などの新技術のほか、起動時間の短縮、データプレビュー画面の改善、セキュリティ対策の強化など、地味ながら使いやすさが改善されています。

ウィンドウズ7はウィンドウズXPからの操作性を継承しているため、従来のウィンドウズのユーザーは迷わずに使えます。この点は、ウィンドウズ8/8.1と比較するうえで重要です。なお、ウィンドウズ7のメインストリームサポートは2015年1月に終了し、延長サポートは2020年1月14日まで提供されます。

COLUMN

ウィンドウズの歴史

ウィンドウズの前身である**MS-DOS**(エムエスドス→84ページ)は、キーボードからコマンド(命令のこと)を入力して操作するOSです。最初の**ウィンドウズ1.0**は1985年に登場しましたが、当時のパソコンには荷が重く、またウィンドウズ自体の機能も不十分で、あまり使われませんでした。一般に普及したのは、1992年に登場した**ウィンドウズ3.1**からです。

1995年に**ウィンドウズ95**が登場した際は、マイクロソフト社が大規模なキャンペーンを行ったため、パソコンを使わない一般人にもウィンドウズの名前が浸透しました。その後、1998年に**ウィンドウズ98**、2000年に**ウィンドウズMe**(ミー＝Millennium Edition)が登場しますが、MS-DOS時代の制約を抱えていたため、しばしばフリーズするなどの不安定さが問題になりました。

動作の不安定などの解決でOSを根本部分から見直すために、ウィンドウズMeまでとは別系統の**ウィンドウズ2000**をもとに開発されたのが**ウィンドウズXP**です。ウィンドウズXPは完成度が高く、その後に登場するウィンドウズのもとになりました。

ウインドウズの画面を見てみよう

「デスクトップ」「スタートメニュー」「ウィンドウ」の3つは、ウィンドウズを利用するうえで基本となる画面です。ここでは最新版のウィンドウズ10を例として、ウィンドウズの画面の各部名称や機能について解説します。

デスクトップ画面とスタート画面

パソコンの電源を入れると、ハードディスクやSSDからウィンドウズのプログラムが読み込まれます。

ウィンドウズが起動すると、最初に**デスクトップ画面**が表示されます。デスクトップ(Desktop)は「机の上」という意味で、アイコンやメニュー、ウィンドウが表示される画面です。タッチでも操作できますが、おもにキーボードやマウスを使用して、画面上のアイコンやメニューから操作を行います。

ウィンドウズキー⊞を押すか、タスクバーにあるスタートボタンをクリックすると、**スタートメニュー**が表示されます。ウィンドウズの起動時にスタートメニューを表示するように、設定することもできます。タブレットでウィンドウズを使う場合は便利です。

左側のメニューからは、インストールされているすべてのアプリが起動できます。

右側のタイルからは、ウィンドウズにもとから登録されているアプリを起動するほか、よく使うアプリをユーザー自身が登録して、かんたんに起動するようにもできます。

① 壁紙

デスクトップの背景の画像です。壁紙を変えると、デスクトップの見た目が変わります。

② アイコン

ファイルやアプリケーションを表すマークです。アプリケーションのアイコンをダブルクリックすると、アプリケーションが起動します。ファイルのアイコンをダブルクリックすると、そのファイルを作成したアプリケーションが起動して、ファイルの内容が表示されます。

③ ごみ箱

不要なファイルはいったんごみ箱に入れます。ごみ箱を空にすると、中のファイルは削除されます。

④ スタートボタン

スタートボタンをクリックすると、スタートメニューに切り替わります。

⑤ タスクバー

「タスク」は「仕事」という意味です。現在開いているウィンドウや、動作中のアプリケーションの一覧がアイコンで表示されます。よく使うアプリケーションのアイコンを登録すると、クリックするだけですぐ起動できます。

⑥ 通知領域

バッテリー残量、音量、日本語入力システムのモード、時計、日付など、パソコンの状態を知らせる通知アイコンが表示されます。

⑦ ウィンドウ

アプリケーションを起動すると表示される、独立した操作画面です。エクスプローラーを起動すると、ウィンドウ内にドライブ、フォルダ、ファイルなどのアイコンが表示されます。

⑧ マウスポインター

マウスを操作すると連動して移動する矢印のアイコンです。

⑨ サイドバー

スタートメニューの左端に表示されるバーです。電源の操作、ウィンドウズ10の各種設定、ユーザーアカウントの設定などを呼び出すショートカットが並んでいます。

⑩ アプリの一覧

ウィンドウズ10にインストールされているアプリが一覧表示されます。メニューをスクロールさせると、隠れているアプリが表示されます。

⑪ タイル

クリックまたはタップすると、タイルに登録されたアプリが起動します。このようにタイルを並べたデザインは、ウィンドウズ8から採用された**モダンUI**と呼ばれるものです。

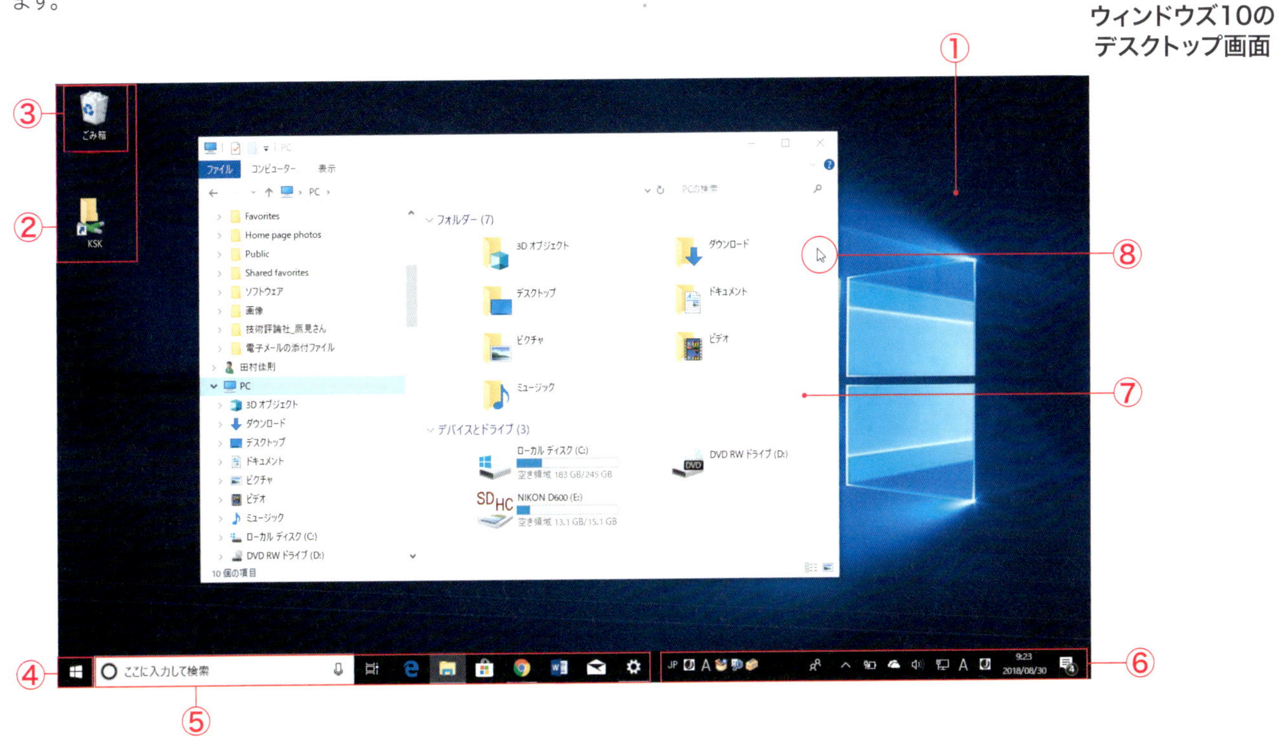

ウィンドウズ10のデスクトップ画面

ウィンドウズ10のスタートメニュー

PART 3 ソフトウェアを知る

ウィンドウ

大量の情報を限られた広さの画面に表示するために考えられた工夫が、画面内に表示領域(ウィンドウ)を区切って情報を表示するという方法です。

ウィンドウ内に表示された文書は、窓から景色を見るように、ウィンドウの枠越しに見ます。ウィンドウ内は上下左右に移動することで、別の場所を表示させることができます。こうすると、ウィンドウの外に隠れている情報も見ることができるので、狭いウィンドウでも文書や画像の全体を把握することができます。

すべて表示させるには広い画面が必要な情報を、限られた広さのウィンドウの枠の中で、表示される部分を上下左右に移動する工夫によって見ることを**スクロール**といいます。スクロール(Scroll)とは、「巻物を巻き上げて読む」という意味の言葉です。

① タイトルバー

ウィンドウのタイトルが表示されます。「開いているファイル名 – アプリケーション名」がタイトルになります。

② メニューバー

メニューをクリックすると、メニューに登録されている機能を実行することができます。

③ ツールバー

アプリケーションが備えている機能のうち、よく使う機能をボタンで表示しています。

④ ステータスバー

ウィンドウの下部に、編集中のファイル名などの情報やアプリケーションの各種の状態を表示します。

⑤ アロー(左)

アローは「矢」という意味の英語で、文書を左方向にスクロールします。アローは「スクロールアロー」と呼ばれることもあります。

⑥ ノブ(左右)

「つまみ」のことで、ドラッグすると、文書を左右に一気にスクロールさせることができます。

COLUMN

MS-DOS

MS-DOS(エムエス・ドス=Microsoft-Disk Operating System)は、ウィンドウズ以前にパソコンの標準だったOSです。

1981年にマイクロソフト社によって開発されたときは、その名のとおりディスクを制御することがおもな機能でした。当時、世界最大のコンピューター関連企業だったIBMのパソコンに採用され、またたく間に世界標準となりました。以後、改良が続けられ、ウィンドウズが普及する1995年ごろまでパソコンOSの主流として使われていました。MS-DOSはキーボードから命令を文字で入力して操作するOSで、見かけも、使い方も、ウィンドウズとは似ても似つかぬOSです。

MS-DOSの機能は、ウィンドウズのコマンドプロンプトとして残されています。コマンドプロンプトとは、キーボードから直接コマンドを入力して、パソコンに命令するしくみのことです。コマンドプロンプトは、ほとんどのウィンドウズユーザーにとっては無縁の存在ですが、プログラムを自分で書く人やネットワークを管理する人、パソコンの不調の原因を探る人などにとっては有用です。

⑦ 最小化ボタン

ウィンドウを最小化します。最小化すると、見かけ上ウィンドウが消えますが、アプリケーション自体は動作しています。タスクバーに表示されているボタンをクリックすると、もとの大きさのウィンドウに戻ります。

⑧ 最大化ボタン／元に戻すボタン

ウィンドウを画面いっぱいまで広げます。ウィンドウを最大化すると、このボタンは「元に戻す」ボタンになります。

⑨ 閉じるボタン

クリックするとウィンドウが閉じます。アプリケーションを終了させるときにも使います。

⑩ タブ

開いているファイルの名前を表示する札のようなものです。開いているファイルの数だけタブが表示され、タブをクリックすると表示するファイルを切り替えできます。タブの「×」をクリックすると、そのファイルは閉じます。

⑪ アロー（上）

文書を上方向にスクロールします。

⑫ ノブ（上下）

「つまみ」のことで、ドラッグすると、文書を上下に一気にスクロールさせることができます。

⑬ ウィンドウの枠

枠にマウスポインターを当てると、ポインターの形が変化します。枠をドラッグすると、ウィンドウの場所を移動したり、ウィンドウの枠を広げたり狭めたりすることができます。

⑭ アロー（下）

文書を下方向にスクロールします。

⑮ アロー（右）

文書を右方向にスクロールします。

アプリケーションウィンドウ

Mac専用のmacOSはこんなOS

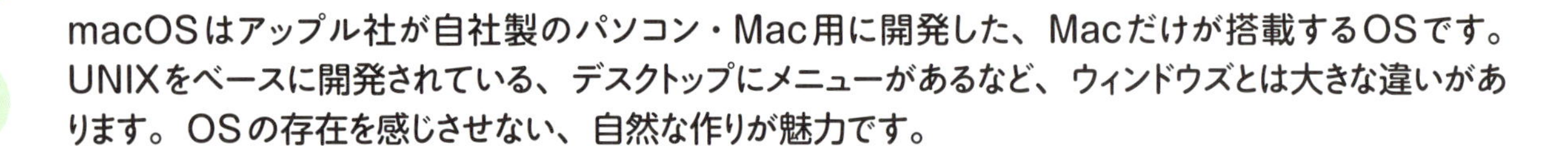

macOSはアップル社が自社製のパソコン・Mac用に開発した、Macだけが搭載するOSです。UNIXをベースに開発されている、デスクトップにメニューがあるなど、ウィンドウズとは大きな違いがあります。OSの存在を感じさせない、自然な作りが魅力です。

macOSはMac専用のOS

macOS（マックオーエス）はMac本体を設計･製造するアップル社が開発している、Mac専用のOSです。macOSの最大のポイントは「機械としてのMacを知りつくしているアップル社が、Macだけのために作っているOSである」という点です。つまり、macOSはMacの機能を最大限に発揮できるOSなのです。

GUIを採用したパソコン用OSの先駆け

現在のMacの前身は、1984年に発売された初代のマッキントッシュ（Macintosh）にさかのぼります。マッキントッシュは当時のもっとも先進的なパソコンで、アイコンを使った画面表示やマウスによる直感的な操作性は、他社のパソコンにはまねできないものでした。ウィンドウズはまだ影も形もなかったころの話です。

その後、多数の新しいパソコンが発売されたものの、グラフィカルな画面を見ながら直感的に操作できるGUI（ジーユーアイまたはグイ＝Graphical User Interface）の使いやすさは、10年間以上もマッキントッシュの独壇場でした。やがて、ウィンドウズにも本格的なGUIが搭載されましたが、「マッキントッシュのほうが使いやすい」と主張するファンは少なくありませんでした。マッキントッシュの後継となるMacが、新しいmacOSを搭載して販売されている現在でも、MacとmacOSは熱心なファンから支持され続けています。

macOSの特長

macOSのGUIは、平面的なパーツを組み合わせたシンプルなデザインです。液晶画面（Retinaディスプレイ）の発色のよさと緻密な表示を活かして、印象的で深みのあるデスクトップ画面を表示します。

macOSは現代のパソコン用OSに求められる機能を備え、高い安定性と堅牢性を実現しています。「FileVault」という独自の暗号化機能を備えるほか、対応する機種なら指紋認証も利用でき、セキュリティ面でも強力です。

Macはウィンドウズとは異なる独自の文化で発展してきた面があり、昔からユニークなアプリケーションが豊富でした。初代マッキントッシュが登場した1984年当時から、クリエイティブな分野のアプリケーションはとくに充実していました。OSがmacOSになった現在でも、デザイン、DTP、動画編集、音楽作成などの分野で高機能のアプリケーションがそろっています。

macOSは文字の表示がなめらかで見やすく、目が疲れにくいのも特長です。これは目で見てわかるウィンドウズとの違いの1つです。また、iPhoneやiPadなど、アップル社のモバイル端末とスムーズに連携できることもmacOSの魅力です。

macOSの歴史

1984年に登場した初代マッキントッシュに搭載されていたOSは、Mac OS（マックオーエス）と呼ばれるものです。現在のmacOSと発音が同じで、スペルもほぼ同じですが、内容は大きく異なります。パソコン用OSとして、Mac OSははじめて本格的にGUIを採用したOSでした。

初期のMac OSは単にSystem（システム）と呼ばれていました。1986年に登場した日本語版のMac OSは漢字Talk（カンジトーク）と呼ばれました。それまでのMac OSは16ビットOSでしたが、1991年に登場したSystem7から32ビットOSになりました。そして1995年に登場したSystem7.5を最後に、1997年に登場したバージョンからはMac OSの名称に統一されました。この時代のMac OSはClassic Mac OS（クラシックマックオーエス）と呼ばれ、現在のmacOSと区別されています。

バージョン9まで続いたMac OSの流れを断ち切り、2001年には、UNIXを基盤として新規に開発したMac OS X（オーエステン）が登場しました。そして2010年から正式名称はOS Xになり、2016年に現在のmacOSに改名しました。

macOS Mojaveの画面

無料で使えるLinuxはこんなOS

市販のパソコンに搭載されているOSは、ほとんどがウィンドウズかmacOSです。この2つ以外のOSとしては、UNIXの流れを汲むLinuxが使われることがあります。Linuxは以前に比べて使いやすくなりましたが、ある程度パソコンに慣れている人向けのOSです。

Linux（リナックス）とは

Linuxは、1991年フィンランドの学生だったリーナス·トーバルズ氏が、パソコンで使える**UNIX**（コラム参照）互換OSとして、OSの中心となる**カーネル**と呼ばれる部分を独力で作成したのが始まりです。それがフリーソフトとして無償で公開され、世界中のプログラマーによって拡張·改良され続けています。

UNIXのよいところを受け継いだLinuxは、複数のプログラムを同時に動かせるマルチタスク機能と、複数ユーザーが1台のコンピューターを同時に利用できるマルチユーザー機能を当初から備えていたのが特長でした。

Linuxは動作が安定していて、長時間の稼動によるシステムダウンを起こすことが少ないOSです。ネットワーク関連のソフトウェアも充実しているので、しばしばインターネットのサーバー用のOSとして使用されています。

COLUMN

オープンソース

プログラムのもとになるソースコードを公開して、誰でも改良や再配布ができるようにしたソフトウェアのことです。便利ですが、開発元の保証やサポートなどはなく、自己責任で利用する必要があります。Linuxのディストリビューションと Linux用ソフトウェアの多くはオープンソースであり、無料で利用できるフリーソフトとして配布されています。

Ubuntu 16.04の画面

Linuxのディストリビューション

Linuxの中核をなすカーネルだけでは、パソコンを使うことはできません。Linuxはカーネルに加えて、画面にウィンドウを表示するプログラム、ファイル管理システム、サーバー用ソフト、データベースソフト、ワープロや表計算ソフトなど、ユーザーがパソコンを有効に使うために必要な多数のソフトウェア群をまとめて、無料で配布されたり、または低価格で販売されたりします。このような配布形態を**ディストリビューション**と呼んでいます。多くのディストリビューションは、インターネットからダウンロードできます。

パッケージとしてまとめたソフトウェアの違いによって、Linuxには多数のディストリビューションが存在します。代表的ものに**Ubuntu**(ウブントゥ)、**Fedora**(フェドラ)、**Debian**(デビアン)などがあります。

Linuxのディストリビューションの中には、1枚のCDやDVDから直接起動できる**1CD Linux**(ワンシーディリナックス)、または**Live Linux**(ライブリナックス)と呼ばれるものがあります。さらには、USBメモリから直接起動できる**Live USB**もあります。UbuntuにもLive Linux版があり、ハードディスクにインストールする必要がないので非常に手軽です。

初心者にも使いやすいUbuntu

Ubuntu(ウブントゥ)はLinuxのディストリビューションの1つです。他のディストリビューションと比較して、プリンターや無線LAN子機などの外部接続機器の認識率が高く、インストールが容易で、面倒な設定が不要なのが特長です。

Ubuntuは無料で使用できるうえ、ブラウザやメールソフト、オフィス互換ソフトなど、一般に必要とされるアプリケーションが一通り含まれており、パソコンにインストールすればすぐに使えます。操作性はウィンドウズと似ている部分が多く、比較的性能が低いパソコンでも使用できるため、古いパソコンにインストールして活用する人もいます。ただし、使い込むうちに発生するトラブルや疑問などは自力で解決する必要があります。

ちなみに、Ubuntuという言葉は、アフリカのズールー語で「他者への思いやり」を意味します。

Linuxを使うには

Linuxを使う最大のメリットは、高度に安定した高機能のOSを、無償または安価で入手できるということです。世界中のボランティアプログラマの手によって、最新の技術が盛り込まれていることも利点の1つです。

Linuxをインストールしたパソコンは、一般向けにはあまり販売されていません。ウィンドウズやMacと違い、アプリケーションは店頭で販売されているわけではなく、インターネットで自力で見つける必要があります。また、Linuxには保証やサポートもありません。以前に比べて格段に使いやすくなっていますが、Linuxはある程度パソコンの経験を積んだ人向けのOSといえます。

COLUMN

UNIXとは

UNIX(ユニックス)は1969年にアメリカのAT&Tベル研究所で開発されたコンピューター用OSです。もともとは開発者が個人的に作ったものです。当初は無償でアメリカの大学に配布され、無数の改造版が作られました。ネットワーク環境での安定した運用に長い実績があります。また、ユーザーが必要とする機能を自力で作成するためのツールプログラムが完備されていたので、豊富なソフトウェア資産が蓄積されています。

改造版UNIXのうち、カリフォルニア大学バークレー校で発展したのが**BSD**(ビーエスディ=Berkeley Software Distribution)です。BSDはインターネットの標準となったTCP/IP(→118ページ)を組み込んでいました。MacのmacOSもBSDをもとに開発されています。

その後、UNIXは高価な商用OSとして、パソコンよりも高い信頼性が要求される大型の汎用コンピューターの分野で使われてきました。一方、こういった商用UNIXとは別に、あくまでオープンソースで、UNIX互換のOSを実現する流れが生まれます。その流れがLinuxへとつながります。

現在ではパソコンのほか、スマートフォンなどさまざまな機器への組み込みなど、広い場面でUNIX系のOSが使われています。

ファイルってどういうもの？

日常生活で事務的な仕事をするとき、関連した情報をまとめて綴じ、ファイルにすることがよくあります。パソコンで文書などのデータを作成して保存するときも、データを「ファイル」として保存します。パソコンのファイルの中身は、「0」と「1」の2進数の並びでできています。

ファイルとは

ハードディスク·SSDやUSBメモリなどにデータを保存すると、データは**ファイル**（File）としてひとまとめにされて保存されます。

たとえば、ワープロソフトで文書を作成することを考えてみます。その文書は、文字や罫線、図形など、いろいろな種類のデータの集まりで、この文書を保存すると、同じ文書を構成するものとして、ディスクなどにまとめて記録されます。こうして記録されたデータのまとまりがファイルです。

ファイルの実例

❶ ワープロソフトなどのアプリケーションで作った**データ**は、ファイルとして記録されます。表計算ソフトで集計表を作ると、表に含まれる数値や文字、グラフ、表のレイアウトの情報など、表全体がまとまったファイルとして記録されます。

❷ アプリケーションの**プログラム**自体も、機能別にいくつかのファイルに分けて、ハードディスク·SSDなどに記録されています。プログラムファイルの内容は、CPUに対する一連の命令が書かれてあり、パソコンが読み込んで実行します。

❸ ウィンドウズやmacOSなどのパソコンを動かすOSも、いくつかのファイルに分けてハードディスク·SSDなどに記録されています。OSを構成するファイルの数は、数万個にもなります。

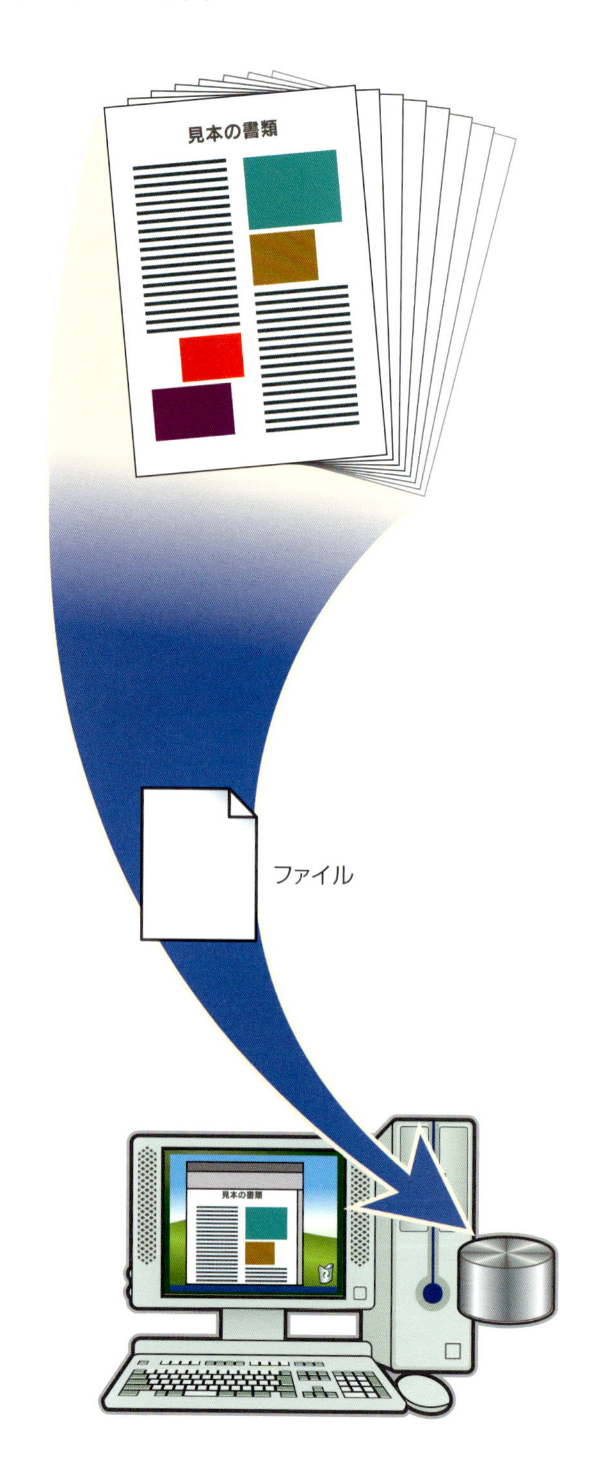

ファイル名

パソコンを使えば使うほど、多くのファイルが保存されます。それぞれのファイルを他のファイルと区別して整理できるように、ファイルには必ず名前を付けます。これを**ファイル名**(Filename)といいます。

たとえば、ワープロソフトで新規に作成した文書を保存しようとすると、ファイル名を付けるようにダイアログでメッセージが表示されます。

ファイル名は自由に付けることができますが、あとで探したり整理するときのことを考えて、一見してファイルの中身がわかるような名前を付けるようにします。ファイル名はあとで変えることもできます。ただし、同じフォルダ内では、複数のファイルに同じファイル名を付けることはできません。

ウィンドウズでは、半角255文字(全角1文字は半角2文字分)までの長さのファイル名を付けられます。スペースやピリオドなどの記号も使えます。ただし「**¥ / : < > * ? " |**」の9文字は使えません。

ファイルの拡張子とは

ウィンドウズのファイルには、**拡張子**(かくちょうし)と呼ばれるしくみがあります。拡張子とは、ファイルの種類を判別するための文字列です。

ウィンドウズのファイルのファイル名の最後には、「ピリオド+文字列」の部分があります。この部分がファイル名の拡張子です。拡張子はアプリケーションやOSによって自動的に付け加えられます。

拡張子はいわばファイル名の「姓」の部分にあたります。拡張子を見れば、そのファイルの種類や、どのアプリケーションで使われるのかがわかるしくみになっています。

ウィンドウズの初期設定の状態では、拡張子は表示されません。拡張子を表示するには、フォルダを開いて、フォルダの内容をウィンドウ内に表示させた状態で、「表示」タブの「ファイル名拡張子」の項目をクリックしてチェックを入れます。

拡張子の例

.docx (.doc)	ワード、またはワードパッドの文書ファイル
.xlsx (.xls)	エクセルのデータファイル
.txt	テキストファイル(文字情報のみのファイル)
.htmまたは.html	ウェブページを記述するファイル
.bmp	ウィンドウズの標準画像ファイル
.gif	インターネットでよく使われるGIF形式の画像ファイル
.jpgまたは.jpeg	インターネットやデジタルカメラでよく使われるJPEG形式の画像ファイル
.wav	ウィンドウズで使われる標準音声ファイル
.mp3	音楽の曲データを圧縮したファイル
.wma	マイクロソフト社が開発した圧縮音声である、Windows Media Audio形式のファイル
.wmv	マイクロソフト社が開発した動画ファイル、Windows Media Video形式のファイル
.mpgまたは.mpeg	ビデオ映像など動画のファイル
.pdf	PDFファイル。文字情報だけでなく、文書のデザインやレイアウトなども表現できる文書ファイル形式
.zip	ZIP形式で圧縮されたファイル

ファイルの関連付け

あるデータファイルのアイコンをダブルクリックすると、そのデータを処理するアプリケーションが自動的に起動するしくみを、ファイルの**関連付け**といいます。ウィンドウズでは、ファイルの種別を表す拡張子とアプリケーションとを一対一に対応させることで実現しています。

たとえば「○○○.xlsx」という名前のファイルをダブルクリックすると、Excelが起動して、○○○.xlsxファイルの内容が画面に呼び出されます。これは、使っているパソコンのウィンドウズが、「.xlsx」という拡張子のファイルはExcelで扱うと設定されているからです。

「Windowsの設定」から「アプリ」→「既定のアプリ」を順にクリックし、「ファイルの種類ごとに規定のアプリを選ぶ」をクリックすると、どの拡張子にどのアプリケーションが関連付けられているかを確認したり、関連付けを変更したりできます。

新しいアプリケーションをインストールすると、新しい関連付けがウィンドウズに登録されます。場合によっては、以前からある拡張子の関連付けが変更されることがあります。

macOSの場合は、データファイル自体が**リソース**という関連付け情報を持っています。

テキストファイル

アルファベット・漢字・ひらがな・カタカナ・数字・記号など、文字のデータだけでできているファイルを**テキストファイル**といいます。拡張子は「.txt」です。

テキストファイルは、パソコンで取り扱うもっとも基本的な形式のファイルとして、パソコンが登場したころから使われてきました。テキストファイルは、すべてのパソコンで読み書きすることができます。異なるOS、異なる機種、異なるアプリケーションなどの間でのデータ交換に使うことができる、もっとも汎用的なファイル形式です。

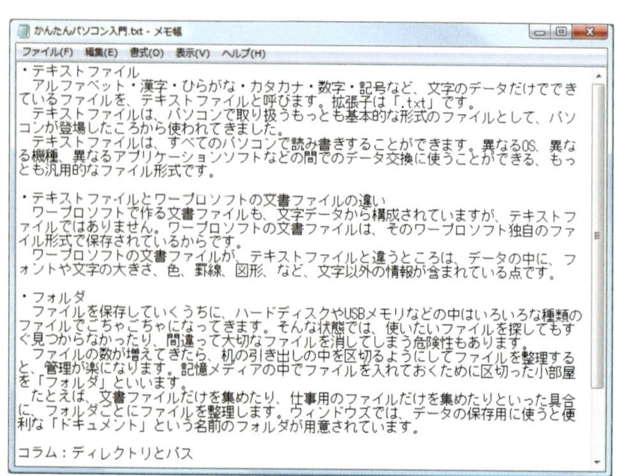
かんたんパソコン入門.txt - メモ帳
ファイル(F) 編集(E) 書式(O) 表示(V) ヘルプ(H)

・テキストファイル
　アルファベット・漢字・ひらがな・カタカナ・数字・記号など、文字のデータだけでできているファイルを、テキストファイルと呼びます。拡張子は「.txt」です。
　テキストファイルは、パソコンで取り扱うもっとも基本的な形式のファイルとして、パソコンが登場したころから使われてきました。
　テキストファイルは、すべてのパソコンで読み書きすることができます。異なるOS、異なる機種、異なるアプリケーションソフトなどの間でのデータ交換に使うことができる、もっとも汎用的なファイル形式です。

・テキストファイルとワープロソフトの文書ファイルの違い
　ワープロソフトで作る文書ファイルも、文字データから構成されていますが、テキストファイルではありません。ワープロソフトの文書ファイルは、そのワープロソフト独自のファイル形式で保存されているからです。
　ワープロソフトの文書ファイルが、テキストファイルと違うところは、データの中に、フォントや文字の大きさ、色、罫線、図形、など、文字以外の情報が含まれている点です。

・フォルダ
　ファイルを保存していくうちに、ハードディスクやUSBメモリなどの中はいろいろな種類のファイルでごちゃごちゃになってきます。そんな状態では、使いたいファイルを探してもすぐ見つからなかったり、間違って大切なファイルを消してしまう危険性もあります。
　ファイルの数が増えてきたら、机の引き出しの中を区切るようにしてファイルを整理すると、管理が楽になります。記憶メディアの中でファイルを入れておくために区切った小部屋を「フォルダ」といいます。
　たとえば、文書ファイルだけを集めたり、仕事用のファイルだけを集めたりといった具合に、フォルダごとにファイルを整理します。ウィンドウズでは、データの保存用に使うと便利な「ドキュメント」という名前のフォルダが用意されています。

コラム：ディレクトリとパス

テキストファイルの例

テキストファイとワープロソフトの文書ファイルの違い

ワープロソフト(→94ページ)で作る文書ファイルも、文字データから構成されていますが、テキストファイルではありません。ワープロソフトの文書ファイルは、そのワープロソフト独自のファイル形式で保存されているからです。ワープロソフトの文書ファイルがテキストファイルと違うところは、データの中にフォントや文字の大きさ、色、罫線、図形など、文字そのもの以外の情報が含まれている点です。

フォルダ

ファイルを保存していくうちに、ハードディスク・SSDやUSBメモリなどの中はいろいろな種類のファイルが保存されて、ごちゃごちゃになってきます。そんな状態では、使いたいファイルを探してもすぐ見付からなかったり、間違って大切なファイルを消してしまう危険性もあります。

ファイルの数が増えてきたら、机の引き出しの中を区切るようにしてファイルを整理すると、管理が楽になります。ディスクやメディアの中で、ファイルを入れておくために区切った小部屋を**フォルダ**といいます。たとえば、文書ファイルだけを集めたり、仕事用のファイルだけを集めたりといったように、フォルダごとにファイルを整理します。

フォルダの名前は、自分にわかりやすいように付けることができます。フォルダは1つのディスクやメディアの中に、いくつでも自由に作ることができます。フォルダの中に別のフォルダを作ることもできます。

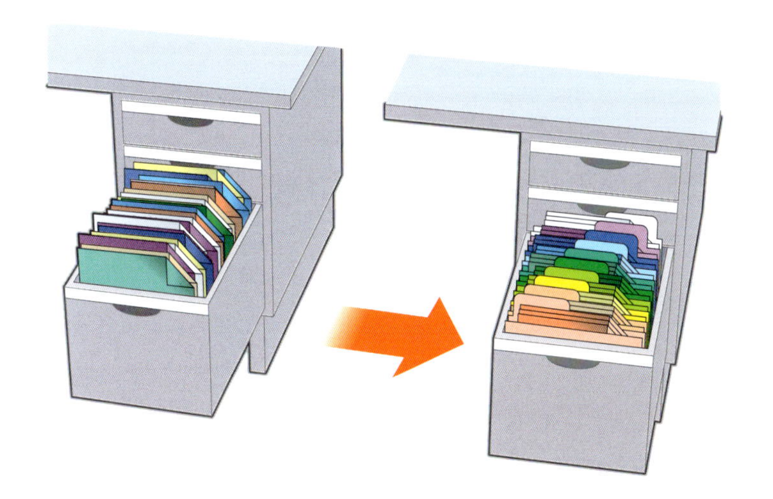

COLUMN

ディレクトリとパス

フォルダと同じようなディスクの小分けの方法を**ディレクトリ**と呼ぶことがあります。

ディレクトリとは、物事を階層構造で管理するときの、１つの階層のことをいいます。この階層構造は、木の枝が分かれるような図で説明されることがあります。たとえば、C:ドライブの中の「abc」というフォルダは、C:ドライブのファイルの階層の枝分かれのうちの１つの階層で「C:¥abc ディレクトリ」と表記します。

ディレクトリ構造を使って、特定のファイルやフォルダを直接指定する方法を**パス**(Path)といいます。パスとは道筋という意味です。たとえば、C:ドライブのabcフォルダの中にあるcde.txtというファイルへのパスは「C:¥abc¥cde.txt」になります。

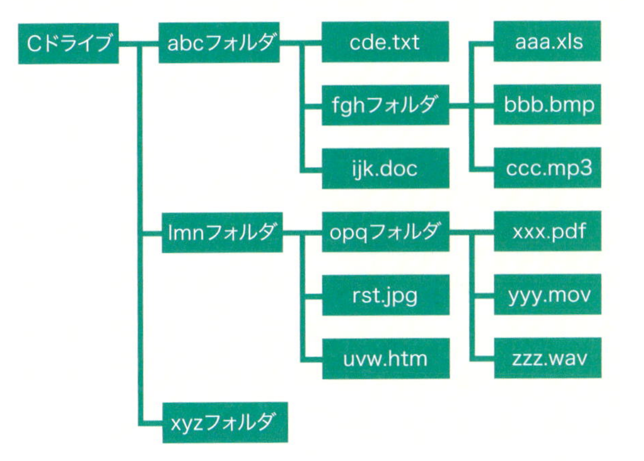

COLUMN

ファイルの圧縮とは

ファイルのサイズが大きすぎると、メールに添付して送ることができなかったり、USBメモリなどへ保存できなかったりします。そのような場合は「ファイルの圧縮」によって、ファイルサイズを小さくしましょう。

ファイルを圧縮する形式はいくつかあります。よく使われるzip(ジップ)はウィンドウズの標準機能で、アプリケーションを追加インストールせずに利用できます。

圧縮のしくみは非常に複雑で、数学的な手法が駆使されています。なお、ファイルの種類によっては、圧縮してもファイルサイズがほとんど変わらない場合もあります。

文章を書くならワープロソフト

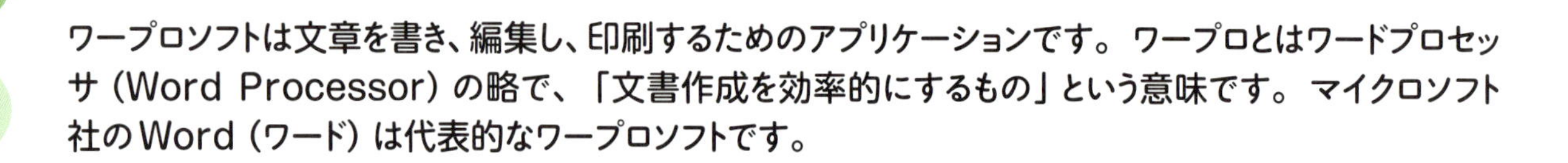

ワープロソフトは文章を書き、編集し、印刷するためのアプリケーションです。ワープロとはワードプロセッサ（Word Processor）の略で、「文書作成を効率的にするもの」という意味です。マイクロソフト社のWord（ワード）は代表的なワープロソフトです。

ワープロソフトを使うメリット

ワープロソフトには、手書きと比べて次のようなメリットがあります。

❶ 手軽にきれいな文字で印刷ができる

たいていの場合、ワープロソフトで作成した文書は手書きよりもきれいです。文字の個性がなくなるという面はありますが、好みのフォントを選択したり、文字飾りやレイアウトを工夫することで、個性を出すことができます。

❷ 文章の修正が楽にできる

文の順序の入れ替えや、言葉の書き換えが手軽に行えます。

❸ データの再利用により、仕事の効率化が図れる

以前に作成した文書を記憶装置から読み込んで、一部分を書き直して別の文書にしたり、複数の文書を切り貼りする要領で、新しい文書を作ることもできます。

❹ よく知らない漢字でもOSのIME（漢字変換システム）が変換してくれる

❺ 図形を描く機能、表を作成する機能などの、便利な付加機能を使うことができる

ワープロソフトにはいろいろな機能がある

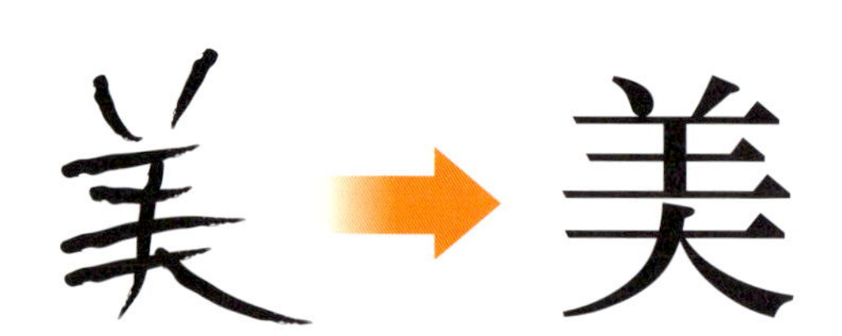

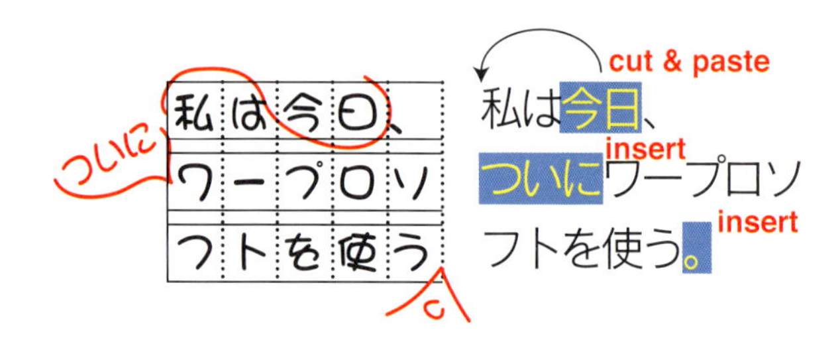

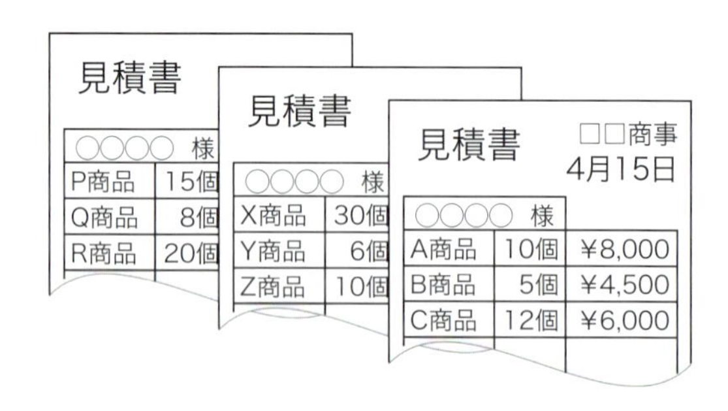

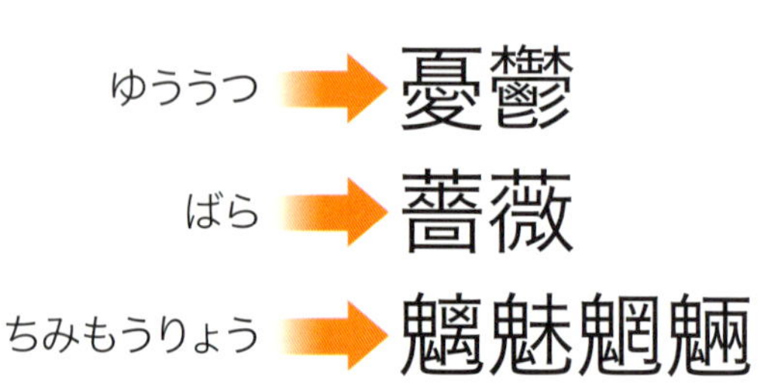

●オリジナルの変換も登録すれば使えるようになる

しょうがい → 障碍

ワープロソフトのおもな機能

ワープロソフトの基本機能としては、以下のようなものがあります。

❶ キーボードから入力したり、手書き入力や音声入力などにより入力された文字を使って、文書を作成する機能

❷ 文書の一部を書き換えたり、文章を書き直したり、他の文書の一部を切り貼りしたりする編集機能

❸ 文字に網かけをしたり、下線を引いたり、文字を傾けたり、文字のサイズを変えたりする文字修飾機能

❹ 罫線などを使った表の作成機能

❺ 文字や単語の検索･置換機能

❻ さまざまな図形を描く図形描画機能

❼ 行間隔や文字間隔を調節するレイアウト機能

❽ 目次や索引を作成する機能

❾ プリンターに出力する印刷機能

❿ ディスクへのデータ保存･データ読み出しの機能

ワープロソフトによっては、次のような機能も備えています。

- 思い付くままに入力した断片的な文章を構成し直して、まとまった文章にするアウトライン機能
- 英単語のスペルをチェックするスペルチェック機能
- 文章の文法チェック、用語の統一性チェック、文章の読みやすさの判定などを行う校正機能
- かんたんな表計算が行える計算機能
- 印刷物なみの高度なレイアウトができるDTP機能
- 文書に動画を貼り付ける機能
- インターネットのホームページを作る機能

代表的なワープロソフト

●ワード(Word)

マイクロソフト社のワードは、ワープロソフトの代表格です。充実した文書編集機能のほか、縦書き機能、日本語対応の文章校正機能、定型文書をかんたんに作る機能、エクセル(→99ページ)との連携機能、図の挿入･作図機能、数式の編集機能など、多彩な機能を使うことができます。

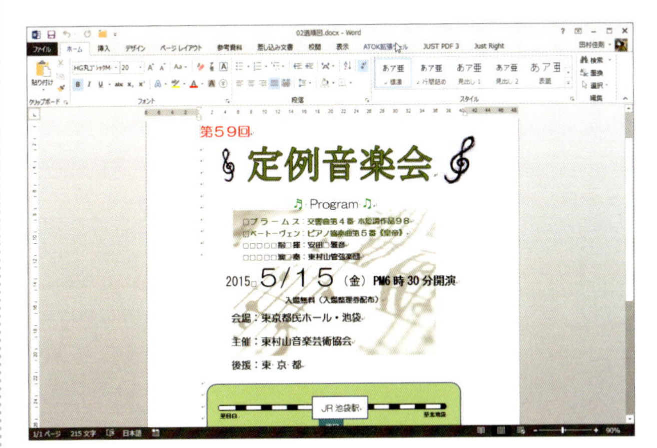

ワードの画面

●一太郎

ジャストシステムの一太郎は、日本のメーカーによって、日本向けに開発された生粋の日本語ワープロソフトです。縦書き機能をはじめとして、日本語の編集に適した機能が豊富です。図形編集やインターネットとの連携もできます。ワードは英語圏で開発されているために、純国産の一太郎の方が使いやすいという人も多くいます。

付属の**ATOK**(エートック)は、代表的な漢字変換システムとして有名です。ATOKは一太郎以外のアプリケーションでも利用でき、精度の高い日本語変換システムとして、多くのユーザーに支持されています。

文字のデザインはフォントで決まる

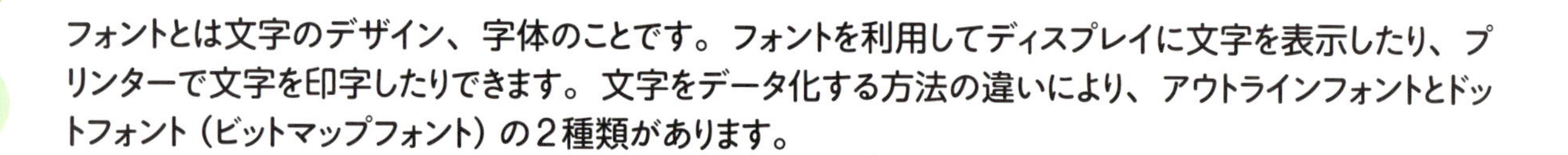

フォントとは文字のデザイン、字体のことです。フォントを利用してディスプレイに文字を表示したり、プリンターで文字を印字したりできます。文字をデータ化する方法の違いにより、アウトラインフォントとドットフォント（ビットマップフォント）の２種類があります。

フォントは文字のデザイン

フォント（Font）にはいろいろな種類があり、どのフォントを選ぶかで画面表示や印刷物のできばえが違ってきます。手書き文字に人それぞれの違った味わいがあるように、フォントを変えることで文書の印象を変えることができます。

フォントには、かな文字や漢字を含む和文フォントと、英字中心の欧文フォントがあります。和文フォントは大きく分けて、**明朝**系と**ゴシック**系があります。

文字サイズの単位には**ポイント**（pt＝0.35146 mm）が使われます。

フォントの管理

ウィンドウズやmacOSでは、OSがフォントを管理しています。これらのOSには、フォントを追加したり、削除したりする機能があります。

OSをインストールすると、基本的なフォントが一緒にインストールされます。OS付属のフォントだけでも、一般的な文書の作成には十分ですが、もっと違った字体を使いたい場合は、好みのフォントを入手して追加インストールする必要があります。市販のフォントもたくさんあります。無償で配布されるフリーフォントも多数あり、個性的な字体が選べます。

アプリケーションによっては、OSにないフォントが付属しています。このようなソフトウェアをインストールすると、付属のフォントもインストールされます。たとえば、たいていのはがき印刷ソフトには、数書体の毛筆フォントが付属しています。

アウトラインフォント

アウトラインとは「輪郭」という意味で、**アウトラインフォント**は文字の輪郭を数値化して記憶しているフォントのことです。**ベクターフォント**（ベクトルフォント）ともいいます。

輪郭を描いてから中を塗りつぶして文字を表すため、拡大・縮小しても文字の形がくずれないのが特長です。文字を拡大しても、なめらかな輪郭で表示することができます。

ウィンドウズやmacOSで、画面表示や印刷に使われているTrueType（トゥルータイプ）フォントは、代表的なアウトラインフォントです。

アウトラインフォントには、アドビシステムズ社が独自に開発した**PostScript**（ポストスクリプト）フォントというフォントもあります。対応するプリンターが必要で、フォント自体も非常に高価なので、一般用途ではあまり使いません。プロ向けのDTPソフトで使われています。

OpenType（オープンタイプ）はアドビシステムズ社とマイクロソフト社が開発したフォント形式で、TrueTypeとPostScriptを統合した新しい形式のフォントです。日本語にとっては、異体字や記号を多数取り入れているのが利点です。

ドットフォント（ビットマップフォント）

文字を点の集まりとしてデータ化したフォントです。ビットマップフォントともいいます。たとえば、16ドットフォントは16×16の点の集まりでフォントをデザインしています。

アウトラインフォントよりも高速に表示・印字できますが、拡大すると輪郭がギザギザになるのが難点です。拡大してもきれいな表示や印字ができるようにするには、拡大率ごとにデザインされたドットフォントを用意する必要があり、効率的ではありません。

アウトラインフォント　ドットフォント（ビットマップフォント）
文　文
10倍に拡大
文　文

アウトラインフォントとドットフォント

ドットフォントには、必要メモリが少なくて、CPUの負荷も小さく、表示が高速という利点があります。パソコンの能力が向上した現在でも、ゲームなど高速性が要求されるアプリケーションで使われたり、絵文字などの特殊なデザインの文字に利用されたりと、意外に多くの場面で使われています。

いろいろなフォント

・明朝
いろいろなフォントを使って美しい文書

・ゴシック
いろいろなフォントを使って美しい文書

・じゅん
いろいろなフォントを使って美しい文書

・Times
This font is Times. 1234567890

・Helvetica
This font is Helvetica. 1234567890

COLUMN

DTP

DTP（ディティピー＝DeskTop Publishing）は、書籍や雑誌などの商業印刷物にも使えるほどに高品質の印刷物を、パソコンで作成することです。DTPソフトはワープロソフトと似ていますが、ワープロソフトよりもページのレイアウトやデザインの自由度が高く、より見栄えのよい文書を作成することができます。日常生活で手にする多くの印刷物が、DTPによって作られています。

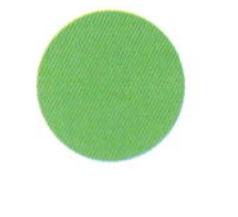

複雑な集計は表計算ソフトにお任せ

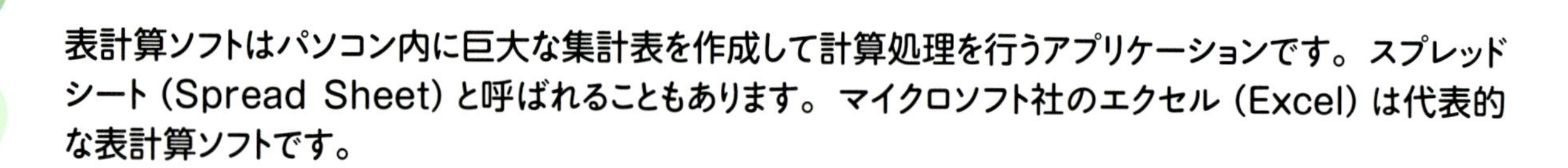

表計算ソフトはパソコン内に巨大な集計表を作成して計算処理を行うアプリケーションです。スプレッドシート（Spread Sheet）と呼ばれることもあります。マイクロソフト社のエクセル（Excel）は代表的な表計算ソフトです。

ワークシートとセル

表計算ソフトでは、**ワークシート**と呼ばれる作業スペースに表を作ります。表中の**セル**と呼ばれるひとマスの区切りの中に、文字や数値、式を入力していきます。

関数と再計算機能

セルには計算式や関数を入力することができるので、複雑な集計処理を行う表を作ることができます。表計算ソフトには、合計や平均を求める関数、ローンの残高を計算する関数など、さまざまな関数が用意されています。また、セルの数値を入れ替えると即座に表の再集計を行う、自動再計算の機能もあります。

グラフ化機能

表計算ソフトには、表のデータをグラフ化する機能があります。多くの表計算ソフトでは、円グラフや棒グラフなど基本的なグラフのほか、立体的なグラフなどの高度なグラフも描けます。

自動再計算と同様に、セルの数値を入れ替えるとグラフも描き直されます。

ワークシートとセル

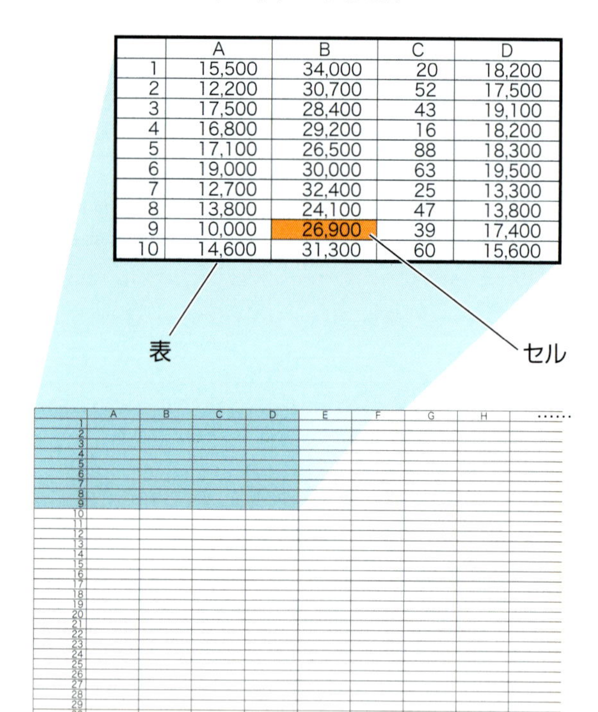

	A	B	C	D
1	15,500	34,000	20	18,200
2	12,200	30,700	52	17,500
3	17,500	28,400	43	19,100
4	16,800	29,200	16	18,200
5	17,100	26,500	88	18,300
6	19,000	30,000	63	19,500
7	12,700	32,400	25	13,300
8	13,800	24,100	47	13,800
9	10,000	26,900	39	17,400
10	14,600	31,300	60	15,600

関数と再計算機能

ここの数値を変えると

	A	B	C
1		数量	構成比
2	北海道	100,000	3.6%
3	東北	180,000	6.5%
4	関東	1,150,000	41.3%
5	中部	225,000	8.1%
6	近畿	852,000	30.6%
7	中国・四国	165,000	5.9%
8	九州	115,000	4.1%
9	合計	2,787,000	100.0%

自動的に再計算されて合計の結果が変わる

この列の構成比は全面的に変更されている

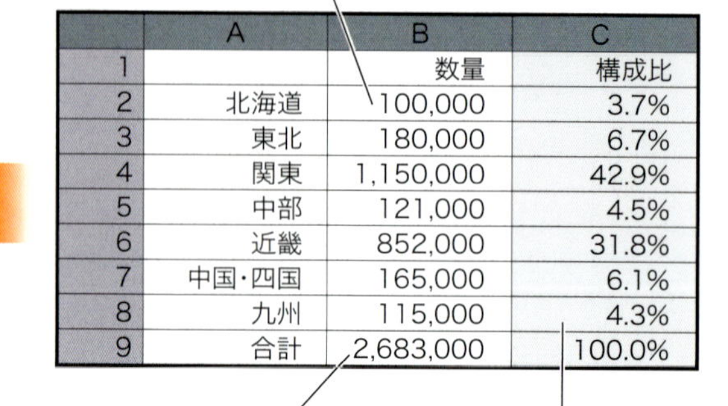

このセルがB2

	A	B	C
1		数量	構成比
2	北海道	100,000	3.7%
3	東北	180,000	6.7%
4	関東	1,150,000	42.9%
5	中部	121,000	4.5%
6	近畿	852,000	31.8%
7	中国・四国	165,000	6.1%
8	九州	115,000	4.3%
9	合計	2,683,000	100.0%

このセルには「B2～B8を合計」という関数が入力されている。

この列には「B8÷B9×100」といった式が入力されている

表の計算だけでなく多様な使い方ができる

表計算ソフトでは、図形や絵を貼り付けたり、フォントを変えるなどして、見栄えのよい表を作成できます。表やグラフを多用する文書を作成する場合、ワープロソフトの代用として使うこともできます。データベース機能やデータ分析機能も充実しています。表計算ソフトはユーザーの工夫次第で多様な使い方ができます。

代表的な表計算ソフト～エクセル

マイクロソフト社のエクセル（Excel）は、表計算ソフトの代名詞ともいえるアプリケーションです。操作がわかりやすく、機能も豊富です。

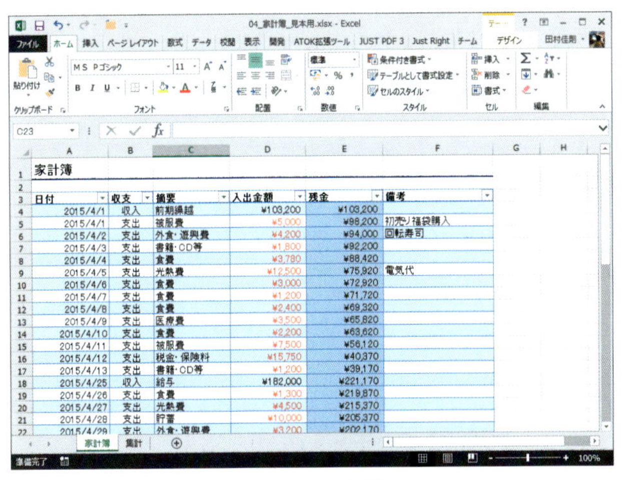

家計簿

日付	収支	摘要	入出金額	残金	備考
2015/4/1	収入	前期繰越	¥103,200	¥103,200	
2015/4/1	支出	被服費	¥5,000	¥98,200	初売り福袋購入
2015/4/2	支出	外食・遊興費	¥4,200	¥94,000	回転寿司
2015/4/3	支出	書籍・CD等	¥1,800	¥92,200	
2015/4/4	支出	食費	¥3,780	¥88,420	
2015/4/5	支出	光熱費	¥12,500	¥75,920	電気代
2015/4/6	支出	食費	¥3,000	¥72,920	
2015/4/7	支出	食費	¥1,200	¥71,720	
2015/4/8	支出	食費	¥2,400	¥69,320	
2015/4/9	支出	医療費	¥3,500	¥65,820	
2015/4/10	支出	食費	¥2,200	¥63,620	
2015/4/11	支出	被服費	¥7,500	¥56,120	
2015/4/12	支出	税金・保険料	¥15,750	¥40,370	
2015/4/13	支出	書籍・CD等	¥1,200	¥39,170	
2015/4/25	収入	給与	¥182,000	¥221,170	
2015/4/26	支出	食費	¥1,300	¥219,870	
2015/4/27	支出	光熱費	¥4,500	¥215,370	
2015/4/28	支出	貯蓄	¥10,000	¥205,370	
2015/4/29	支出	外食・遊興費	¥3,200	¥202,170	

エクセルの画面

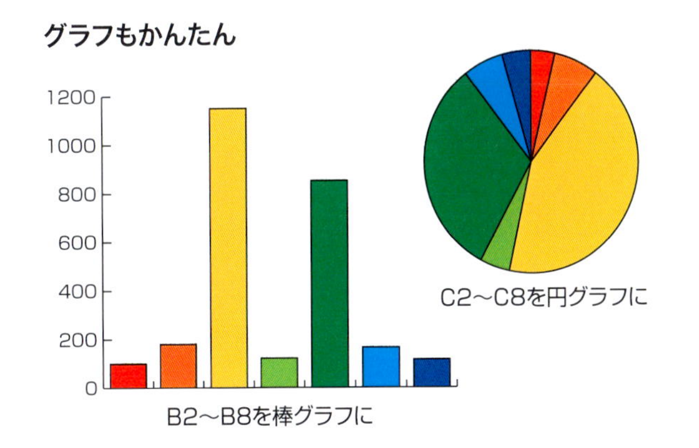

グラフもかんたん

COLUMN

マクロ（スクリプト）

マクロとは、アプリケーションの操作手順を前もって記録しておき、あとでその操作手順を自動実行させるしくみのことです。スクリプトや一括処理と呼ばれる場合もあります。

表計算ソフトなどのアプリケーションでは、同じ操作を何度も繰り返すことがよくあります。このとき、毎回の処理を手作業で行うのは面倒で、ミスをする確率も増えます。マクロを使えば、決まった作業を登録しておき、必要なときに呼び出して何度でも実行させることができます。

マクロを作成するには、「操作の自動記録」という手軽な方法があります。マクロを本格的に使いこなすには、プログラミング的な要素が必要になります。ハードルは高いですが、一度マクロを作成しておけば、たとえば毎月の売上表を作るなどといった定型業務に抜群の威力を発揮します。

マイクロソフト社のアプリケーションでは、マクロに**VBA**（ブイビーエー＝Visual Basic for Applications）という記述言語が使われます。マクロ機能は、正しく使えば非常に便利で強力な機能ですが、悪用してマクロウイルス（実行するとパソコンに悪さをする）に使われることもあります。他人が作ったマクロを実行するときは注意しましょう。

発表の場で活躍する プレゼンテーションソフト

プレゼンテーションソフトは、会議などのプレゼンテーション（説明）で使用するスライドショーを作成するアプリケーションです。実際にプレゼンテーションを行う際にも使用します。マイクロソフト社のPowerPoint（パワーポイント）がよく知られています。

聴衆にアピールする資料作成

プレゼンテーションとは、視聴者の視覚や聴覚に訴えながら、相手に自分のいいたいことを伝え、わかってもらうように説明することです。新製品の説明や、研究成果の発表などがプレゼンテーションの具体例です。略して**プレゼン**と呼ばれます。

プレゼンテーションソフト

プレゼンテーションソフトは、プレゼンテーションに関わる作業を総合的に援助するアプリケーションです。参加者に配布する印刷資料を作成し、パソコンに接続したプロジェクターなどで上演するためのプレゼンテーションデータを作成し、作成したデータを使ってパソコンでプレゼンテーションを行うことができます。作成した資料をインターネットに公開することもできます。

一般的なプレゼンテーションデータは、複数のページで構成されています。各ページは、解説用の動画や音声をパソコンに取り込んで貼り付けたり、文字やグラフ、表、画像などを貼り付けたりして作成します。

さまざまな効果を付けられる

パソコンでプレゼンテーションすると、画面をスライド的に順次表示したり、アニメーションなどの効果を付けたり、効果音を鳴らしたり、その場の操作に応じて画面を切り替えるなど、さまざまな効果を少ない手間で実現することができます。

プレゼンテーションの実施

実際のプレゼンテーションの際は、会場にノートパソコンを持ち込んでプロジェクターや外部モニタに接続して映し出します。そのため、パソコンにD-subやDVI、HDMIなどの外部モニタ用端子が装備されている必要があります。

プレゼンテーション会場でインターネットに接続できる場合は、ブラウザと連携してウェブページを表示することもできます。あらかじめ作っておいたデータだけでなく、ネット上のリアルタイムな情報を組み合わせることで、より効果的なプレゼンテーションができます。

家庭でも使い道のある プレゼンテーションソフト

プレゼンテーションソフトの用途はビジネスだけではなく、家庭や個人の趣味のためにも使えます。たとえば、家族の写真をスライド画面にしたり、ビデオや写真で旅行記を作成するといった楽しみ方ができます。

教育用途としても、教材の提示や生徒の作品集などに使うと、より印象が強くてわかりやすい授業が展開できるでしょう。

代表的なプレゼンテーションソフト 〜パワーポイント

マイクロソフト社のパワーポイント(PowerPoint)は、プレゼンテーションソフトの代名詞的な存在で、圧倒的なシェアを獲得しています。

ウィザードとよばれる機能を利用することにより、画面上の質問に順次答えていくだけで、プレゼンテーション資料を作成できます。作成したプレゼンテーション資料は**スライド**と呼ばれ、PDFに変換して配布したり、ウェブページのデータに変換して出力することもできます。

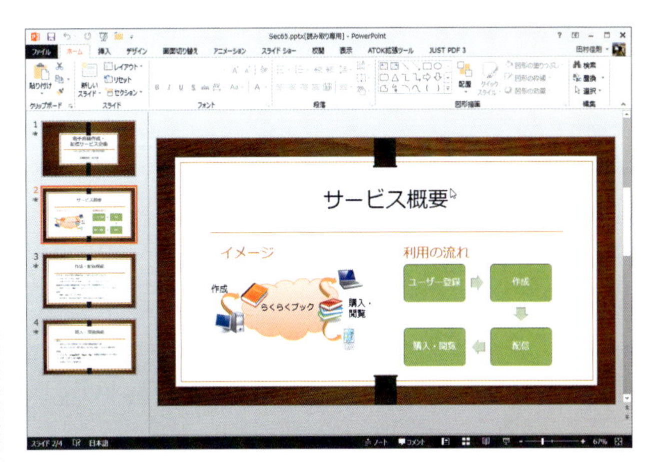

パワーポイントの画面

パソコンで絵を描く グラフィックソフト

グラフィックソフトはパソコン上で絵を描いたり、写真や画像を加工するためのアプリケーションです。データの形式の違いにより、「ペイント系描画ソフト」と「ドロー系描画ソフト」に大別されます。子供向けからプロ用まで、目的や用途に応じてさまざまな製品があります。

パソコンで絵を描くメリット

手描きと比べて、パソコンで絵を描くことには以下のようなメリットがあります。

❶ 何度でも描き直しができる。失敗しても、きれいに消してやり直せる

❷ 広い範囲もムラなく、均一な色を塗ることができる。手軽に、きれいなグラデーションをかけることができる

❸ 直線や円・多角形などを定規なしできれいに描ける

❹ 絵の一部分をコピーしたり、移動したり、拡大・縮小したり、さまざまな変形ができる

❺ プリンターを使って何枚でも印刷できる

❻ 絵に自信がなくても、市販のデータ集やネット上のフリー素材に自分なりの手を加えることで、絵を描くことを楽しめる

描画ソフトの2つの種類

パソコンで絵を描くアプリケーションを大別すると、**ペイント系描画ソフト**と**ドロー系描画ソフト**があります。

●ペイント系描画ソフト

ペイント系描画ソフトは、絵やイラストを点の集まりとして描きます。筆や鉛筆、エアブラシ、ペンキ缶などの多彩なツールを使って画面に絵を描いていきます。ペイント系描画ソフトで扱う画像は**ビットマップ**画像と呼ばれます。

ペイント系描画ソフトは手描きのイメージで絵が描けるのが特長で、どちらかというと自由な画風の絵を描くのに適しています。難点は、描いた絵やイラストを拡大すると、点のアラが出て輪郭がギザギザになってしまうことです。

●ドロー系描画ソフト

ドロー系描画ソフトは、直線や円、多角形などの基本部品を組み合わせたり、計算で曲線を描いたりすることで画像を描きます。このような描き方をデータ化したものを**ベクターデータ**（ベクトルデータ）といいます。

ドロー系描画ソフトで描かれる画像は、拡大や縮小に強いのが利点です。拡大しても境界がギザギザにならずなめらかなままで、絵の品質が変わりません。反面、ペイント系描画ソフトのように手描き風の自然な絵を描くのは、どちらかというと苦手です。

ペイント系グラフィック

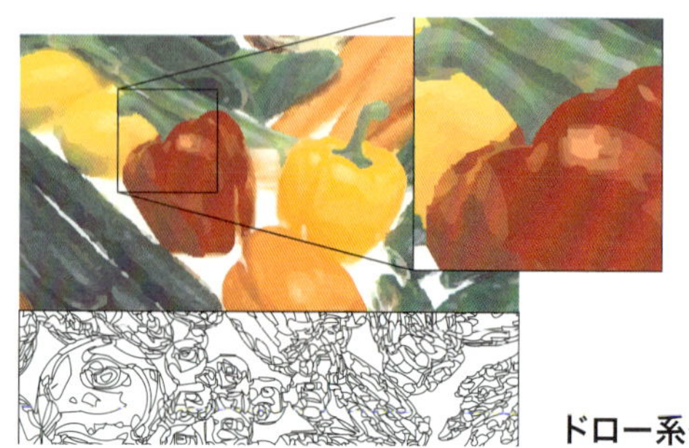

ドロー系グラフィック

フォトレタッチソフト

フォトレタッチソフトはペイント系描画ソフトの一種です。デジタルカメラで撮影した画像や、スキャナーで取り込んだ画像に、色相や露出の補正など、さまざまな加工を加える際に使うアプリケーションです。**レタッチ**（Retouch）とは「修正する」という意味です。

デジタルカメラやスキャナーを買うと、手軽なフォトレタッチソフトが付属してくることもあります。

画像ビューア

ビューア（Viewer）とは、画像ファイルを整理したり、内容を確かめたり、スライド表示させたりするためのアプリケーションです。かんたんなレタッチ機能が付いているものもあります。ウィンドウズ用の代表的な画像ビューアとしては、無料で使えるIrfanView（イーファンビュー）があります。

3DCGソフト

パソコンの正確な計算によって、現実そっくりの立体的な奥行きのある世界を描き出すアプリケーションを3DCG（スリーディシージー）ソフトといいます。**3D**（Dimension）とは3次元という意味です。**CG**（Computer Graphics）はコンピューターを使って描く絵のことです。

3DCGソフトを使うと、パソコンの画面の中に街を作り、街路樹を植え、車を走らせ、人を歩かせることも可能です。代表的な3DCGソフトとしては、オートデスク社のMaya（マヤ）やオープンソースのBlender（ブレンダー）など、個性的で高機能なソフトウェアがあります。

COLUMN

CAD、住宅設計ソフト

CAD（キャド＝Computer Aided Design）は建造物や機械などの専門的な設計に使われる、精度の高い設計図の作成に使うアプリケーションです。ドロー系グラフィックソフトの一種で、多くは3Dでデータを扱っています。オートデスク社のAutoCAD（オートキャド）は、代表的なCADソフトです。

代表的な画像ソフト

ペイント、ペイント3D

ウィンドウズにアクセサリソフトとして付属している「ペイント」は、ペイント系の描画ソフトです。かんたんなお絵描きや加工ができます。「ペイント3D」はペイントの後継としてウィンドウズ10に付属しているお絵かきソフトで、3Dモデルを手軽に作成できます。

Photoshop（フォトショップ）

アドビシステムズ社の製品で、もっとも有名なフォトレタッチソフトです。高度な機能が満載で、使いこなすにはかなりの勉強が必要です。

Illustrator（イラストレーター）

アドビシステムズ社の製品で、もっとも有名なドロー系描画ソフトです。プロのデザイナーの多くが使っています。

Painter（ペインター）

紙に描くのに近い感覚で、フリーハンドで描画できるペイント系描画ソフトです。プロにも愛用者がいます。

GIMP（ギンプ）

GIMPはオープンソースのペイント系描画ソフトです。無料で使えますが、高価な商用ソフトに見劣りしない機能を備えています。Photoshopで読み込める形式でデータを書き出すことができます。

画像ファイルには さまざまな形式がある

画像ファイルにはさまざまな形式（種類）があり、要求される画質や目的に応じて使い分けられています。多くのアプリケーションで使える汎用的な形式のほか、アプリケーション独自の形式もあります。ビットマップ画像のデータは容量を小さくするため、圧縮ファイル形式がよく使われます。

さまざまな画像形式

画像ファイルにはさまざまなファイル形式があります。ほとんどのグラフィックソフトで利用できる汎用的なファイル形式のほかに、アプリケーション独自のファイル形式もあります。これらの形式は画質、データの大きさ、あとからの加工のしやすさなどの点で、それぞれに長所と短所があります。

ウィンドウズでは**BMP**（ビーエムピー＝Microsoft Windows Bitmap Image）が標準的なビットマップ画像のファイル形式として使われます（拡張子は.bmp）。macOSでは**PICT**（ピクト＝QuickDraw Picture）形式が標準です。

その他のビットマップ画像では、**TIFF**（ティフ＝Tagged Image File Format）形式がOSに関係なく汎用的で、デジタルカメラでも使われることがあります（拡張子は.tif）。

ドロー系描画ソフトでは、**EPS**（イーピーエス＝Encapsulated PostScript）というファイル形式が標準的です（拡張子は.eps）。一般にドロー系ファイルは、ビットマップ系ファイルより容量が小さくて済みます。

圧縮画像ファイル形式、JPEG・GIF・PNG

ビットマップ画像のデータは、色数×絵の面積×画像の細かさ（解像度）に比例して表現に必要なビット数が増えるため、データのサイズが大きくなります。フルカラーのBMP形式では、かんたんな画像でも数メガバイトになります。

限りある記憶容量に多くの画像を保存したり、メールに添付した画像の送受信を迅速に行うには、画質をなるべく落とさずに、データのサイズをできるだけ小さくする工夫が必要になります。そのために考え出されたのが、圧縮画像ファイ

ル形式です。

代表的な圧縮画像ファイル形式として、**JPEG**（ジェイペグ）、**GIF**（ジフ）、**PNG**（ピング）があります。この3つは、インターネットやデジタルカメラをはじめ、さまざまな場面で使用されます。

● JPEG画像

JPEG（ジェイペグ＝Joint Photographic Experts Group）は1,670万色まで表現でき、色数の多い画像を取り扱うのに適した形式です。もとの画質をそれほど損なわずに、ファイルのサイズを圧縮できます。写真や微妙な色彩を用いた絵画の保存には、よくJPEGを使います。多くのデジタルカメラが保存ファイルの形式に利用しています。拡張子は.jpgです。

JPEGは圧縮率を指定して、保存する画質のレベルを選ぶことができます。圧縮率を高くすると画質は悪くなりますが、ファイルのサイズは小さくなります。

● GIF画像

GIF（ジフ＝Graphics Interchange Format）はインターネットのウェブページでよく使われている画像形式です。色数を256色までに制限して圧縮されており、容量を非常に小さくできます。拡張子は.gifです。

GIFはウェブページのボタンやロゴなどに使うのに向いています。イラストに使う場合は、線画やベタ塗りのような色数が限られた画像に適しています。写真や絵画のように、色の階調が複雑な画像にはあまり向いていません。

JPEG画像

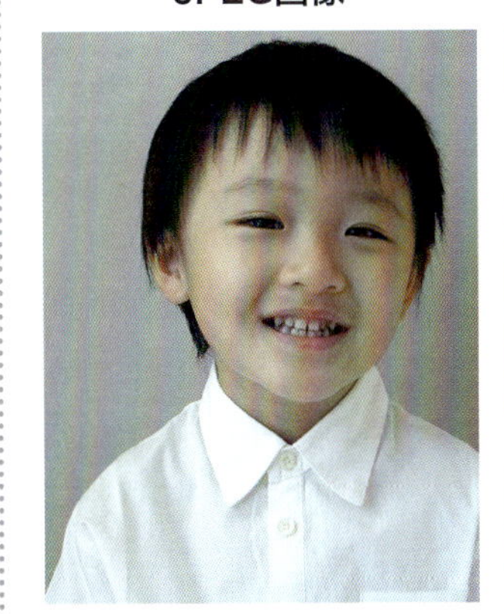

GIF画像

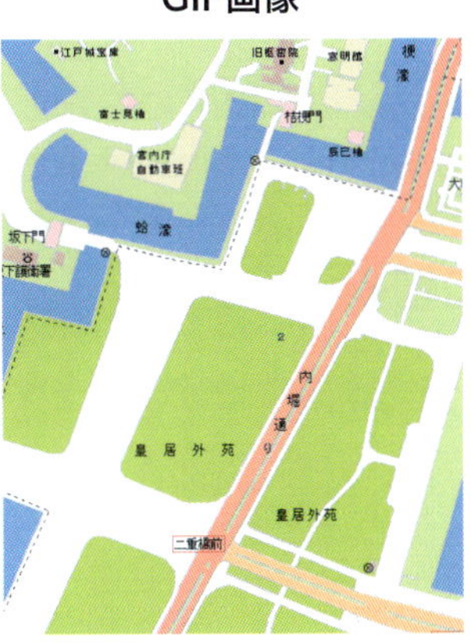

● PNG形式

PNG（ピング＝Portable Network Graphics）は最大280兆色（48ビット）までの色数を扱えます。もとの画像の情報をいっさい省略せずに圧縮する「可逆圧縮」という方法を採用しているのも、他の形式に比べて有利な点です。拡張子は.pngです。

JPEGと比較すると、多くの画像ではJPEGのほうがPNGの数分の1までファイルサイズを小さくできます。しかし、文字や線を多用した画像になると、PNGのほうがきっちりときれいに表現でき、ファイルサイズも小さくできます。

COLUMN

ウェブページで使われる GIF、JPEG、PNG

GIFにはウェブページで役立つバリエーションがあります。「インタレースGIF」は最初はおおまかに表示されて、データを読み込むにつれて細かく表示されます。「透過GIF」は指定した色を透明として扱うことができ、画像の一部を切り抜きで使いたいときに便利です（PNGでも透過色は使えます）。「アニメーションGIF」は複数の画像を1つのファイルにまとめ、次々に表示することでパラパラマンガのようにアニメーションにすることができます。

「プログレッシブJPEG」を指定したJPEG画像は、データの読み込みが進むにつれて、徐々にはっきりと画像が表示されます。

◎ 画像ファイルをやりとりするときは

グラフィックソフトは、ソフトウェア自身の機能が活かせる独自の形式でデータを保存します。たとえば、Photoshopの標準データ形式は.psdという専用の形式です。

グラフィックソフトは多くの画像形式の読み込み、書き出しに対応していますが、ソフトウェア独自の形式では他のソフトウェアで開けない場合があります。自分が作った画像ファイルを他人に渡す場合は、相手がそのファイルを開けるかに注意する必要があります。できれば汎用的な画像ファイル形式（BMP、PICT、JPEG、PNG、EPSなど）で保存して渡すほうが確実です。

パソコンで聴く音楽

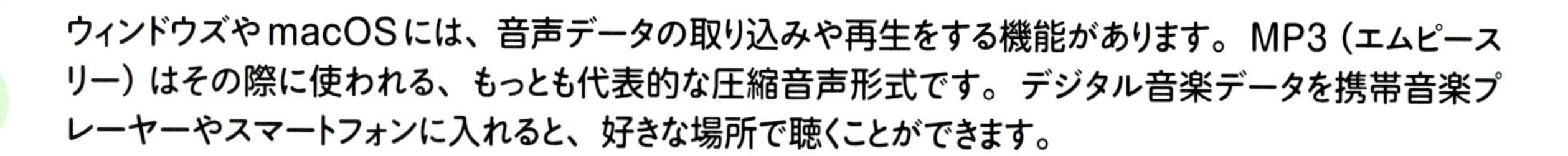

ウィンドウズやmacOSには、音声データの取り込みや再生をする機能があります。MP3（エムピースリー）はその際に使われる、もっとも代表的な圧縮音声形式です。デジタル音楽データを携帯音楽プレーヤーやスマートフォンに入れると、好きな場所で聴くことができます。

音声データをパソコンで扱うメリット

CDの楽曲、テレビやラジオの番組、自分で生録音した音などの音声（音楽などの音全般）をパソコンに取り込むことができます。音声データはデジタル化されてファイルとして保存され、パソコンで再生することができます。

パソコンで音声データを管理すると、CDやテープを探さなくても、ファイルを選ぶだけで好きな曲が聴けるようになります。音声データを圧縮することにより、ハードディスク・SSDやメモリカードに何百曲、何千曲もの楽曲を保存し、パソコンで一括管理することができます。

パソコンの音声データ形式

PCM（→11ページ）で録音した音声データは、非常に大きなサイズになります。CD音質（44.1kHz/16ビット）のステレオ2chで、1分間で約10メガバイトになります。

ウィンドウズ標準の音声データ形式は、**WAV**（WAVE＝ウエーブ）ファイルと呼ばれます。macOSでは**AIFF**（エーアイエフエフ＝Audio Interchange File Format）という形式です。どちらも基本は無圧縮のPCM方式です。

圧縮音声形式

1分間で10メガバイトの容量になるのでは、気軽に何百曲も保存することはできません。インターネットで送るのにも時間がかかります。そこで、音質をほとんど損なわずにデータを圧縮する方法が考えられました。代表的な圧縮音声形式が**MP3**（エムピースリー）です。

MP3（エムピースリー）

MP3はPCMよりも音質が落ちますが、データのサイズを10分の1程度に圧縮することができます。高品質なオーディオ機器で聴くと音の差がわかりますが、パソコンや携帯音楽プレーヤーで聴くには十分な音質です。

MP3（MPEG-1 audio layer-3）は、圧縮動画形式（→138ページ）のMPEG-1の音声部分の圧縮技術を使った方式です。拡張子は.mp3です。人間の耳では聞き取れない情報を省略したり、データを数学的な方法で圧縮することで、音楽を楽しむのに十分な音質が保てるしくみになっています。

高音質のFLAC（フラック）、Apple Lossless（アップルロスレス）

MP3は圧縮率を重視しているため、人間の耳では聞き取れない情報を省略するなど、大胆な手法で圧縮しています。これに対して、FLACやApple Losslessでは原音の情報をいっさい省略することなく圧縮されています。MP3に比べて圧縮率は控えめですが、音質の劣化がないため、ハイレゾ音源など高音質の再生に向いています。

COLUMN

その他の圧縮音声形式

ここで紹介した以外の圧縮音声形式としては、MPEG-2技術を使った**AAC**（エーエーシー＝Advanced Audio Coding）、ソニーが開発した**ATRAC3**（アトラックスリー＝Adaptive TRansform Acoustic Coding 3）、ライセンスフリーの**Ogg Vorbis**（オッグボルビス）、マイクロソフト社が開発したWMA（Windows Media Audio）などがあります。

ハイレゾ音源

ハイレゾ音源とは、高解像度(High Resolution)の音源という意味です。音の波形を、通常の音楽CDよりも微細に記録して、3〜6.5倍の情報量にすることで高音質化しています。ハイレゾ音源はより原音に近く、なめらかで、柔らかい音を再現できるとされています。

通常の音楽CDでは、サンプリング周波数と量子化ビット数は44.1kHz/16ビットです。ハイレゾ音源では96kHz/24ビットや、192kHz/24ビットといった細かさで音を記録します。

サンプリング周波数は、「1秒間をどれだけ細かい時間単位に分けて、音を記録するか」を表します。量子化ビット数は、「単位時間に記録した音の強さを、どれだけ細かく分割して記録するか」を表します。どちらも、数値が大きいほど情報量が増えます。たとえば、通常のCDの量子化16ビットは2の16乗=65,536段階に分割して記録しています。

携帯音楽プレーヤー

携帯音楽プレーヤーは、MP3やWMAなどの圧縮音楽データを再生するための機器です。代表的なプレーヤーはアップル社のiPod Touch(アイポッドタッチ)、ソニーのWALKMAN(ウォークマン)です。多くのプレーヤーはMP3といくつかのファイル形式を再生できるようになっています。動画再生やゲーム、メール、SNS、ウェブ閲覧などができる機種もあります。

大量の曲を保存できて、どこでも手軽に聴くことができます。メモリに記録するため、揺らしても音飛びが起こらず、胸ポケットに入るほど小さくて軽くなっています。

iPod Touchは**iTunes**(アイチューンズ)という音声·動画管理ソフトで音楽データを管理して転送します。無線LAN(Wi-Fi)やUSB接続でパソコンにつなぎ、音楽データを転送します。**USBマスストレージクラス**(USB接続でパソコンに記憶装置として認識される)に対応する機種では、音楽ファイルをドラッグ&ドロップで転送できます。

ストリーミング

音声や動画などサイズの大きなデータをインターネット経由で再生する際、データをすべて受信してから再生するのでは、再生が開始するまでの待ち時間が長くなってしまいます。そこで、データを受信しながら、受信した分のデータを再生する**ストリーミング**という手法が使われます。

ストリーミングによって、ネットラジオなど、インターネット上での生放送も可能です。ネットラジオには放送局のような大がかりな設備や許認可は不要で、個人レベルから発信可能です。世界中にさまざまな番組を流している局があります。

定額制音楽聴き放題サービス

SpotifyやAmazonのプライムミュージック、LINE MUSICなど、一定額の利用料を払えば数百万曲、数千万曲といった膨大なライブラリーが聞き放題になるサービスが人気です。

パソコンだけでなく、スマートフォンからも利用できるので、いろいろな場所で音楽を楽しめます。自分のお気に入りの曲をプレイリストとして登録したり、出来合いのおすすめプレイリストや他のユーザーのプレイリストを楽しむなどして、音楽との新たな出会いを体験することができます。

パソコンで創る音楽

パソコンを使って作曲・編曲・演奏することをDTM（ディティエム＝Desktop Music）といいます。パソコンでDTMをするためのアプリケーションがDAW（ディエーダブリュ）ソフトで、初心者向けのやさしいものからプロ向けの本格的なものまで、さまざまな製品があります。

パソコン音楽はデジタル音源かMIDIを使う

パソコンで音楽を創る方法は2つあります。1つは、音の波形を数値化して収録した音源を編集する方法で、もう1つはMIDIを使う方法です。

MIDI（ミディ＝Musical Instrument Digital Interface）は、パソコンとシンセサイザーなどの電子楽器をつなぐときの、データのやりとり方法の統一規格です。MIDI規格に沿ったデータをMIDIデータといいます。拡張子は.midです。

DAW

DAW（ディエーダブリュ＝Digital Audio Workstation）とは、コンピューターで音楽制作するためのシステムのことです。DAWはPCMデータとMIDIデータのどちらも扱うことができます。

楽譜のようなMIDIデータ

MIDIデータは音そのものではなく、楽譜のようなものです。楽器の種類、音程、音の長さ、強弱などが記録されています。たとえば、「ピアノの音で四分音符でドの音をフォルテで鳴らし、ギターの音でレの音を8分音符でメゾフォルテで鳴らし、1拍休んで3連符で弾く…」といったように、演奏の指示をデータ化したものです。MIDIデータの容量は、音そのものをデータ化したPCMデータと比べてはるかに小さくて済みます。なお、MIDIデータには音そのものは記録されていないため、再生するには別途にMIDI音源が必要です。

パソコンの性能が十分でなかったころは、パソコンで音楽を扱う標準的な手法はMIDIデータの利用でした。CPUの性能が向上し、メモリやハードディスク·SSDが大容量になった現在は、音そのものをデジタル化した音声データを直接編集したり組み合わせたりする方法が主流です。

DAWソフトではMIDIデータの打ち込み、編集ができるほか、取り込んだ音声データを切り貼りしたり、リバーブ(残響)やエコー(反響)などの効果を加えたり、音程を変えたり、リズムを変えたり、発音のタイミングを変えたり、ミキシングしたりと、音に関するあらゆる編集が行えます。

代表的なDAWソフト

高機能なDAWソフトとしては、Cubase(キューベース)、Mac向けにLogic(ロジック)、Digital Performer(デジタルパフォーマー)などがあります。入門者向けでは、SINGER SONG WRITER(シンガーソングライター)などがあり、コード進行を指定すれば自動的に伴奏を付けてくれるBand in a Box(バンドインナボックス)も重宝されるアプリケーションです。

Mac付属のGaregeBand(ガレージバンド)は、音符を並べて音楽を作る方法とは異なり、ループパターンと呼ばれる短い音楽のブロックを組み合わせることで、試行錯誤しながら音楽を作ることができます。

Cubase 9

音源とは

MIDIデータを音として再生するには、**音源**が別途必要です。この音源とは、ピアノの音、ギターの音などをデジタル録音したものです。

ソフトウェア音源

ウィンドウズなどのパソコン用OSには、ピアノやギターなどの基本的な音色データを収録したソフトウェア音源が搭載されています。さらに高品質のソフトウェア音源を使うと、まるで本物の楽器を演奏しているように、リアルな音を再現できます。高品質なソフトウェア音源は、本物の楽器の音をデジタル収録した巨大なデータで構成されています。

ソフトウェア音源は高品質であるほど、パソコンへの負荷も大きくなります。このため、より高性能のパソコンと、高速で大容量のハードディスク·SSDの組み合わせで使用する必要があります。

ハードウェア音源

ハードウェア音源は、何種類かの楽器のPCM音源を収録した、MIDI再生用の機器です。専用の機械が音源を再生するので、高性能のパソコンでなくても使えます。パソコンの性能が向上した現在はソフトウェア音源が主流となり、ハードウェア音源の製品はごくわずかです。

電子ピアノなどの電子楽器もハードウェア音源の一種です。USBなどを利用して、パソコンと電子楽器を接続することで、パソコン内にあるMIDIデータを電子楽器に演奏させることができます。

音声合成とボーカロイド

人間の音声をデジタル録音したデータを使って、パソコンに発音させることを音声合成といいます。視覚障害者のためにウェブサイトの文章を読み上げさせたり、MIDIで作曲したデータを歌わせたりすることができます。

VOCALOID(ボーカロイド)はヤマハが開発した音声合成技術です。デジタル収録した歌手の音声に音程や強弱を付けて、まるで本物の人間が歌っているように歌わせることができます。実際に、ボーカロイドを使った楽曲がヒットしたこともあります。

ソフトウェアと賢くつきあおう

ソフトウェアにはさまざまな製品があり、次々と新しいソフトウェアが開発されています。同じソフトウェアもバージョンアップされて、より高機能で安全なものに改良され続けます。ソフトウェアは「一度インストールしてしまえば終わり」というわけではありません。

ソフトウェアの購入方法

以前は、ソフトウェアは実店舗か通信販売で購入するのが普通でした。現在はインターネットの普及にともない、ソフトウェアの入手方法はネットからのダウンロード販売に全面的に移行しつつあります。

ダウンロード販売とサブスクリプション

ダウンロード販売にはいくつかの方式があります。主なものは、ソフトウェアの永久使用権を買う方式や、1カ月や1年など期間を区切って利用料を支払う**サブスクリプション方式**です。

サブスクリプションは「定期購読」という意味の英語です。

サブスクリプション方式では、「ソフトウェアを使わなくなったら、利用料は払わない」という運用が可能です。また、利用期間中のバージョンアップは無料で行えるものも多いです。

フリーソフトとシェアウェア

市販されているソフトウェアは、開発企業が多くの人材を投入してプログラムを作り、完成したソフトウェアを販売して、その収益で新しくソフトウェアを開発しています。

一方、プログラムに詳しい人によって、趣味やボランティアで作られているソフトウェアがあり、インターネットで手に入れることができます。それらの中には、市販品に負けないくらい高機能なソフトウェアもあります。

このようなソフトウェアには2種類あり、完全に無料で使えるものを**フリーソフト**（Free Software）といいます。フリーとは無料という意味で、著作権を放棄したわけではありません。あくまで作者の厚意での無償提供です。

もう1つの**シェアウェア**（Shareware）は、使ってみて気に入ったらお金を払うソフトウェアです。気に入って作者に料金を払えば、登録IDやパスワードがメールで送られてきて、正規ユーザーとして使い続けることができます。

COLUMN

ソフトウェアと違法コピー

市販されているソフトウェアを勝手にコピーして他人に配布したり、他人にコピーしてもらって使うことは、著作権法違反という犯罪です。著作権法違反は10年以下の懲役、または1,000万円以下の罰金、またはこれらの併料となります。

ソフトウェアを購入して正規ユーザーとして登録すれば、バージョンアップをはじめとしていろいろなサポートを受けられます。もしバグがあったらアップデートも受けられます。違法コピーは正当な権利者にではなく、犯罪者に不当な利益をもたらすもので、社会的にも認められないことです。

バグのないソフトウェアはない

ソフトウェアが設計した意図と異なる動作をするとき、そのソフトウェアに「バグがある」といいます。**バグ**(Bug)とは虫という意味で、プログラム上の欠陥を指す用語です。

たとえば、「特定の操作を行うとパソコンがフリーズする」などのように、ユーザーが正しい操作をしているにもかかわらず不具合が起こるとき、そのソフトウェアにはバグがある可能性が高いといえます。

バグの原因はいろいろあります。テスト不足でバグに気付かずに製品出荷された、そもそもプログラマーの考え違いによる設計ミスだった、プログラミング言語自体にバグがあった、他のソフトウェアとの相性が悪かったなど、さまざまな原因が考えられます。

ウィンドウズやmacOSなどのOSにバグがあることも珍しくありません。プログラムが複雑で大規模なものになるにつれて、バグが潜んでいる可能性は高くなります。「バグのないソフトウェアはない」という言葉まであるほどです。

バグフィックス、アップデート

ソフトウェアにバグが発見された場合、バグを修正(**バグフィックス**)したバージョンが提供されます。これをソフトウェアの**アップデート**といいます。アップデートは「更新」という意味です。修正されたプログラムファイルを**アップデータ**といいます。アップデートは単にバグ修正のためだけでなく、ソフトウェアの機能向上を目的に実施されるときもあります。

アップデータはソフトウェア会社のウェブサイトなどを通じて配布されます。ウィンドウズにはWindows Updateという、マイクロソフト社のウェブサイトを通じて自動的にアップデートされるしくみが備わっています。

ソフトウェアをアップデートすることは大切です。ときにはウイルスやクラッキングの標的となるような危険なバグが潜んでいる場合もあり、それを修正することはパソコンを安全に使ううえでも欠かせません。開発元からの連絡に注意したり、開発元のサイトを見るなどして、アップデータが公開されていないかをチェックしておきましょう。

PART

4 インターネットの世界

仕事に、生活に、なくてはならない存在となったインターネット。
メールも、ブログも、５ちゃんねるも、掲示板も、ユーチューブも、フェイスブックも、
ツイッターも、ネットバンクも、オンライントレードも、ネットオークションも、
ネット通販も、みんなみんなインターネット。
インターネットは世界を結ぶネットワーク。
世界中にあるコンピューターネットワークをさらにネットワークした、
全地球的スケールの巨大なネットワークです。

インターネットはどんなネットワーク?

インターネットは世界中のコンピューターを結ぶ巨大なネットワークです。インターネット人口は、全世界で数十億人ともいわれています。インターネットにはさまざまなメリットがあります。パソコンをインターネットにつなぐことで、できることが飛躍的に広がります。

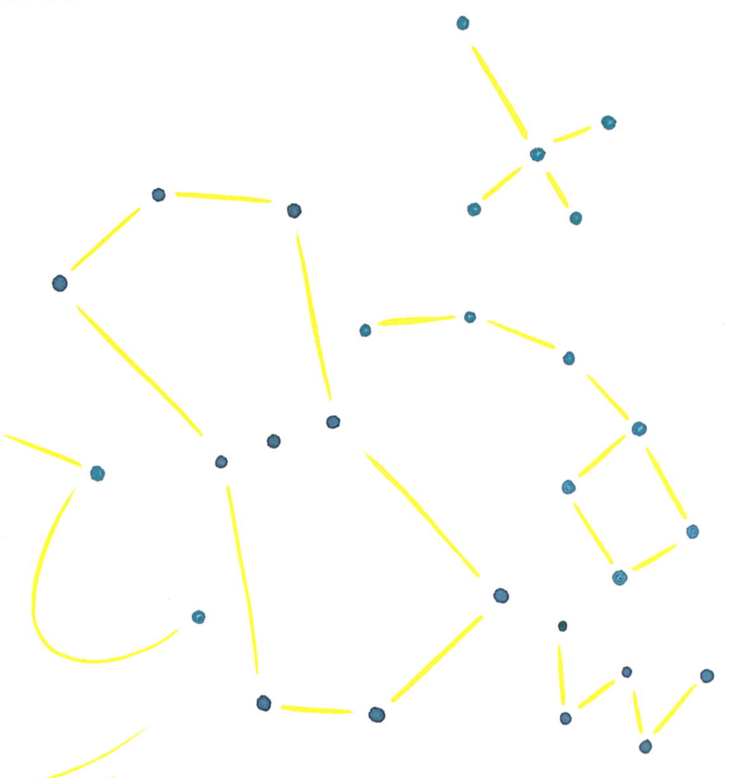

ネットワークのネットワーク

インターネットを宇宙にたとえて説明しましょう。ご存知のように、宇宙には無数の星があります。星が集まって太陽系になり、太陽系のような系が集まって銀河系になり、さらに銀河が集まって宇宙を形作っています。

これをインターネットにあてはめると、1台1台のコンピューターが星にあたります。会社･学校･地域･研究機関などの単位で、複数のコンピューターが太陽系のようにネットワークで結ばれます。そのネットワークどうしがまた結ばれ、銀河系のように大きなネットワークができあがります。

こうしてできる、ネットワークのネットワークのネットワークのネットワーク…、その全体をインターネットと呼んでいるのです。

●インターネット全体の管理者はいない

「おもしろいアイデアだから、とりあえず試してみよう。うまくいかなかったら、その場でなんとかしよう」。

このような、自由な発想を妨げない自律の精神が原動力となって、インターネットは現在のように普及し、発展してきました。そこには「インターネットには中央集権的な権力を持つ管理者がいない」という背景があります。

インターネットのメリット

多数の参加者がもたらす、新しい人間関係と知の共有

インターネットは地球規模のネットワークです。参加者はあらゆる職業、年齢、国、人種にわたっています。

インターネットにアクセスすることによって、限られた範囲での人間関係から地球規模の人間関係へと広がります。地球規模の知に触れることができます。

膨大な情報量

インターネットには個人のパソコンだけでなく、多くの企業、大学、研究機関、図書館、美術館、その他公的機関のコンピューターが接続されています。インターネットで参照できる情報の量は、想像もつかないほどに膨大です。

自由な意思と平等

インターネットへの参加者は、自由な意志のもとに平等な立場で参加できます。誰もが世界中の人と情報交換でき、膨大な情報を受け取ることができます。情報を受け取るだけでなく、誰でも世界中に向けて情報を発信することができます。

さまざまなサービスを利用できる

インターネットで提供されている、ここで書ききれないほどのさまざまなサービスが利用できます。インターネットを通じて利用できるサービスは日々増えています。

いろいろなメディアにも柔軟に対応

インターネットには文字情報だけでなく、画像、映像、動画、音声などのデータも流れています。インターネットに自分のパソコンを接続すれば、まるでテレビやラジオを見たり聞いたりするように、世界中の情報を見聞きすることができます。

インターネットに参加するには

インターネットに参加するのに、なんの資格も必要ありません。必要となるのは、パソコンやスマートフォンなど、インターネットに接続できる**機器**があること、インターネットに接続できる有線または無線の**回線**があることの2つです。

条件がそろえば、誰でもすぐに参加することができます。だからこそ、ここまでインターネットが広がったともいえます。

COLUMN

アクセスする

インターネットにつないで、ウェブページを見たり、メールを読み書きしたり、掲示板を読み書きしたりすることを「アクセスする」といいます。アクセス(Access)とは「接近する」という意味で、人が情報に触れる行為のことです。

たとえば、「私のウェブサイトにアクセスしてください」というメッセージは、「私のウェブサイトを見てください」と同じ意味です。

インターネットでなにができる?

インターネットはできることが多すぎて、ここですべてを解説することは不可能です。電子メールのような連絡の手段、掲示板やSNSなどのコミュニケーションのツール、ネット通販やオンライントレードなどの経済活動の一端を担うサービスまで、さまざまなことが可能です。

ウェブページ、ウェブサイト

ウェブページ(Web page、Webpage)はインターネット内の個々の文書のことです。いわゆる**ホームページ**をはじめ、ブログ、掲示板などもウェブページの一種です。

ウェブページの総数は億単位で数えるほどに膨大です。有益な情報が載ったウェブページを見ることは、インターネットの代表的な利用方法です。ウェブページからデータをダウンロードしたり、メールを送ったり、意見交換したりすることもできます。

企業、個人、グループ、学校、自治体など、ウェブページの作成者はさまざまです。ニュース、お知らせや広告、決算報告、レポートの発表、同人誌やミニコミ誌、日記や小説の公開、音楽やビデオの発表、仲間との情報交換、商品の売買、オークション、銀行の取引、株の取引…などなど、内容や目的は無限といえるほど多岐にわたっています。

複数のウェブページが1冊の本のように集まったものを**ウェブサイト**といいます。サイトとは「場所」という意味です。

電子メール

電子メールはインターネットを介した手紙のやりとりです。Eメール(Electronic mail)、または単に**メール**といいます。

電子メールを送るしくみは、コンピューターとコンピューターの間をデータが移動するだけなので、地球の裏側の人にもほぼ瞬時に届きます。電子メールは文字だけでなく、画像や音声を添付することもできます。また、どこに送ってもコストは一定です。

電子メールのしくみを利用して、複数のメンバー間で情報を交換するのが**メーリングリスト**(ML=Mailing List)です。メーリングリストの規模はさまざまで、同好会のような少人数の仲間内だけで使う非公開のものもあれば、ミュージシャンのファンクラブなどの大規模な組織で使う、公開されたものもあります。

多くの人に同じ内容のメールを配信する、**メールマガジン**という情報サービスもあります。いろいろなテーマのメールマガジンがあるので、興味がある分野のメールマガジンに登録しておくと、有用なニュースや情報を定期的に配信してくれます。

掲示板(BBS)

掲示板はインターネット上の伝言板のようなものです。掲示板を意味する英語(Bulletin Board System)を略して、**BBS**(ビービーエス)とも呼ばれます。

掲示板は、基本的にはどこかのウェブサイト内に設置されています。多くの人が書いた意見が蓄積され、一覧表示されます。誰でも自由に書き込みできる掲示板と、許可された人だけ書き込める掲示板とがあります。

いろいろな話題についての掲示板が集まると、膨大な情報の集積場所となります。たとえば、5ちゃんねる(旧2ちゃんねる)は掲示板の巨大な集合体です。

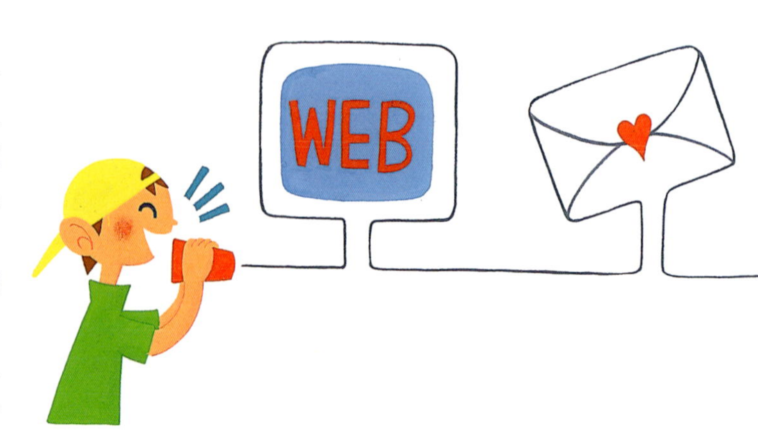

チャット、IP電話、Skype

インターネットに接続している別の人と、文字や画像を使ったおしゃべり(Chat)ができます。LINE(ライン)にもチャット機能があります。また、チャットワーク(ChatWork)のように、ネット上の会議室としてチャットを利用する形態のサービスも増えています。ビジネスでの利用が見込まれています。

IP(アイピー)**電話**とは、インターネットで音声データをやりとりして、電話のように使うサービスです。IP電話どうしなら電話代はかからず、何時間でも会話ができます。ウェブカメラの画像を送れば、テレビ電話にもなります。**Skype**(スカイプ)はマイクロソフト社が提供するIP電話サービスで、パソコンやスマートフォンのカメラを利用して、音声や動画によるやりとりが可能です。

ネット通販(ネットショッピング)

インターネット上には、電化製品やソフトウェア、生活用品、CDやビデオ、本、スポーツやコンサートのチケット、ホテルや旅館の予約など、さまざまな通信販売のウェブサイトがあります。インターネットでの通信販売を**ネット通販**、ネットショッピング、あるいはオンラインショッピングといいます。支払いはクレジットカード、銀行振込、コンビニ決済、代引き、電子マネーなどの方法がお店によって選べます。

お店が単独でウェブサイトを持っている場合のほか、お店がたくさん集まったショッピングモールと呼ばれるウェブサイトもあります。巨大な総合ショップとしては**amazon**(アマゾン)、ショッピングモールでは**楽天**が有名です。

ネットオークション・ネットフリマ

ウェブサイト上に出品された商品に買い手が値付けをして、最高値を付けた人が商品を購入できるしくみを**ネットオークション**といいます。欲しい商品を安く買えたり、不要な物を売ってお金に換えることができます。例としては、Yahoo!オークションがあります。

買値を競うオークションと異なり、売る側が値付けして出品するのが**ネットフリマ**です。後発のサービスですが、最近はネットオークションをしのぐ人気です。例としては、メルカリがあります。

オンライントレード

証券会社のウェブサイトを通じて、株などの有価証券類の売買をすることを**オンライントレード**といいます。売買取引のほか、株価をリアルタイムに見たり、過去の株価の推移グラフの表示や企業の分析情報など、さまざまな情報サービスを受けることができます。

証券会社は実店舗の維持費や人件費などを削減できます。

ネットバンク

ウェブページで預金や振り込みができるインターネット上の銀行を**ネットバンク**といいます。旧来の銀行がインターネット上のサービスとして行うほか、実店舗を持たないインターネット専業のネットバンクもあります。

利用者は家にいながらにして24時間利用でき、銀行は人件費や店舗の費用を削減できます。

SNS

Facebook(フェイスブック)、**Twitter**(ツイッター)などのSNS(エスエヌエス=Social Networking Service)は、さまざまな情報交換·コミュニケーションを通じて、人とのつながりを広げることができるサービスです。SNSについては、後ろのページでくわしく説明します。

世界中でつながるためのしくみ

インターネットは誰にでも開かれたネットワークです。ハードウェアやソフトウェアの種類に関わらず、できるだけ多くの人が使えるようにするしくみが支えています。ここでは便利なインターネットを裏で支える、おもな技術を見ていきましょう。

インターネットの回線

インターネットは膨大な数のネットワークを相互につないでいます。ネットワークを結ぶケーブルには、銅線や同軸ケーブル、光ケーブルなどが使われます。無線(電波)も使われます。

回線が1秒あたりに送れる情報量を、回線の**太さ**ともいいます。回線は血管のようなものです。1台ずつのコンピューターをつなぐ毛細血管のような回線もあれば、大きなネットワークどうしをつなぐ太い血管の役割をする回線もあります。プロバイダ間を結ぶ回線や、国全体レベルの大規模ネットワーク間をつなぐ太い回線のことを**バックボーン**といいます。バックボーンとは「背骨」という意味です。

TCP/IPとは

ネットワークでの情報のやりとりに関する取り決めを**プロトコル**(Protocol)といいます。インターネットで標準的に使われるプロトコルは、**TCP/IP**(ティシーピーアイピー)といいます。

インターネットにつないだパソコンは、TCP/IPの取り決めに従って情報をやりとりしています。ウィンドウズやmacOSにもTCP/IPが組み込まれています。

TCP/IPの利点は回線の種類を選ばないことです。電話線でも光回線でも、TCP/IPを使って情報をやりとりできます。もう1つの利点は、1本の回線を複数の人が同時に利用できることです。

TCP/IPではデータを**パケット**(Packet=小包)と呼ばれる小さな単位に分けてやりとりします。複数の人が送ったパケットは、1本の回線上に並んで伝送されます。行き先に到達したパケットはそこで組み立て直され、もとのデータに復元されます。

IPアドレス

TCP/IPではインターネットに接続するすべての機器に、1台ごとの個別の識別番号を割り当てます。この番号を**IP**(アイピー)**アドレス**といいます。インターネットにつながっている機器を特定するための、背番号のようなものです。

インターネットで誰かが送ったデータは、宛先のIPアドレスを目指してネットワーク間をバケツリレーのように転送され、目的地まで運ばれます。特定の相手にメールを送ることができるのも、ウェブサイトから自分のパソコンに絵や文字が送られてくるのも、すべてIPアドレスという宛先があるからです。

IPアドレスは「192.168.0.123」のように、0～255の数字を4つ並べた形式になっています。0～255の数は8ビットなので、4つで32ビットになります。32ビットのIPアドレスがあれば、約43億台の機器をつなげることができる計算になります。

IPv6（アイピーブイシックス）

現在、インターネットで使われているプロトコルは**IPv4**（アイピーブイフォー＝IPのバージョン4という意味）で、約43億個のIPアドレスを利用できます。地球上のすべての機器にIPアドレスを振るとこれでは足りないため、**IPv6**（アイピーブイシックス＝IPのバージョン6という意味）という新しい規格が定められています。IPアドレスは128ビットに拡張され、接続できる機器の数は34のあとに0が37個続くという、天文学的な数字になります。パソコン以外に、テレビ、冷蔵庫、電子レンジ、エアコン、スマートフォン、自動車などをインターネットに接続し、IPアドレスを割り当てても、番号が不足することはまずありません。

ベストエフォート型の通信

TCP/IPは複数の人で回線を共有するしくみになっています。したがって、同じ回線を何人の人が同時に使っているかによって、通信のスピードが変化します。このように、条件によって速度が変化する通信方式を**ベストエフォート**型といいます。best effortとは「最善の努力」という意味です。

たとえば、最大100Mbpsの回線でも、常に100Mbpsの速度が出るわけではありません。100人が同時にデータを流すと、その間は100分の1の速度になってしまうこともあります。また、インターネットではさまざまな品質の回線を経由して情報が送られるので、途中の一部の回線の速度が遅いとその部分が足手まといとなり、スピードが制限されます。

COLUMN

プライベートIPアドレス

IPアドレスはインターネット上で機器ごとに1つずつなので、自分で勝手に付けることはできません。世界でNIC（Network Informaion Center）という団体で管理されています。日本にもJPNICという支部があります。

家庭内や企業内など、限定された範囲のネットワークであるLAN内で使うIPアドレスを**プライベートIPアドレス**といいます。一例として、192.168.0.1～192.168.255.255がよく使われます。これでLAN内の65,536個の機器にIPアドレスを割り当てできます。

LANをインターネットに接続するにはルーターを使い、このルーターにプロバイダからインターネット上で唯一のグローバルIPアドレスが1つ割り当てられます。

LAN内の機器は、このグローバルIPアドレスを共有する形で使っています。ルーターはグローバルIPアドレスとプライベートIPアドレスを相互に変換する機能（IPマスカレード）を持っていて、LAN内の複数の機器をインターネットに接続します。

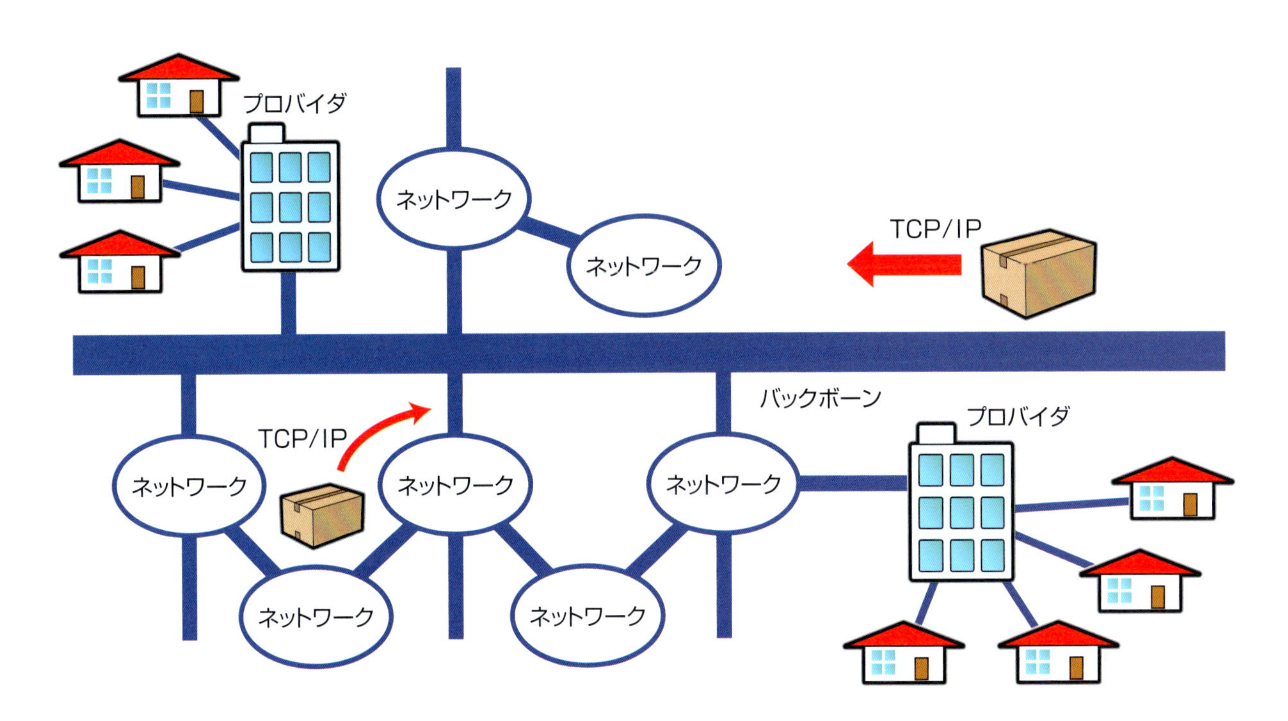

インターネットにつなぐために必要なもの

パソコンでインターネットを利用するには、有線または無線の回線を利用して、プロバイダと呼ばれる業者を通して接続します。以前は回線が遅く、インターネットを使うときだけ回線に接続するのが普通でしたが、現在は高速な回線を利用した常時接続が主流です。

プロバイダの役割

インターネットに接続するには、通常は**プロバイダ**と契約する必要があります。プロバイダは、インターネットへの接続サービスを提供する会社です。ユーザーは自分のパソコンから、プロバイダを経由してインターネットに接続します。

プロバイダとの契約はかんたんで、自分の連絡先や料金の支払い方法などを通知するだけです。回線や光ケーブルの工事といっしょに契約できるプロバイダもあります。

常時接続とは

インターネット接続は光ケーブル、ADSL、ケーブルテレビ(CATV)などを利用した**常時接続**が主流です。常時接続とは、24時間インターネットに接続した状態にすることで、インターネットの利便性を最大限に活用できます。

以前は、インターネットを使うときだけ電話をかけて接続する**ダイヤルアップ接続**が主流でしたが、現在はほとんど使われなくなりました。

IDとパスワードの管理は厳重に

インターネットを利用するうえで、**ID**(アイディ)と**パスワード**は重要です。IDは会員番号のようなもので、ユーザー名、**アカウント名**、ログイン名などと呼ばれることもあります。パスワードは正規ユーザーであることを証明するための、秘密の暗証番号(または合言葉)です。メールを使う、会員制のウェブサイトにアクセスする、インターネットで買い物をするなど、さまざまな場面でIDとパスワードを利用します。

IDとパスワードを忘れると、これらのサービスを利用できなくなります。また、第三者に知られるとメールを盗み見られたり、クレジットカードを不正使用されるなど、さまざまな危険があります。

万一に備えて、IDとパスワードはできるだけ文字数が多い複雑なものを設定し、外部に流出することがないよう厳重に管理しましょう。

常時接続と不正アクセスの危険

インターネットに接続すると、パソコンはさまざまなデータをやりとりします。常時接続の場合、第三者からの不正侵入や、悪意のあるプログラムの不正侵入にさらされる危険が常に存在します。

このような被害を防ぐため、OSのセキュリティ機能やセキュリティ対策ソフトの活用、ルーターなど通信機器の適切なセキュリティ設定は必須です。

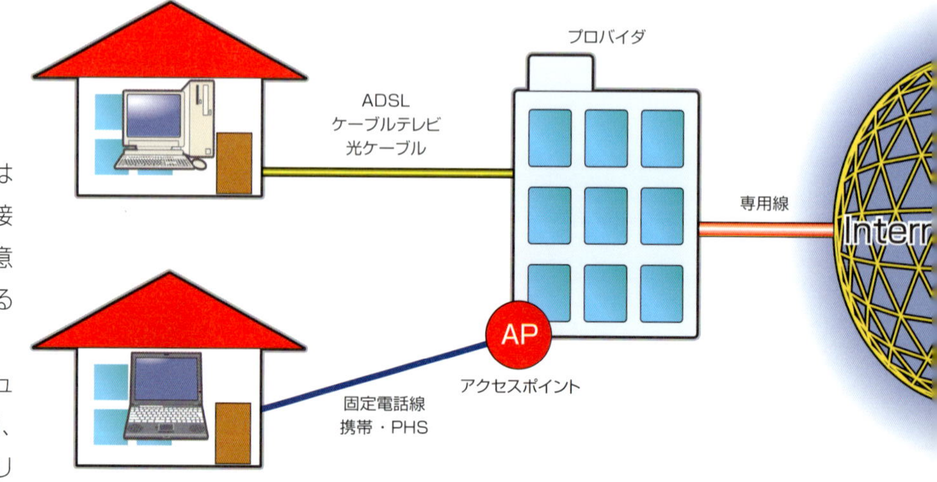

インターネットに接続するための料金

インターネットに接続するには、プロバイダに支払う**接続サービス料**と、使用する回線を所有するNTTやCATV会社に支払う**回線使用料**が必要です。

接続サービス料は、契約するプロバイダによって異なります。同じプロバイダでも、使用する回線の種類や、利用するサービスの内容などによっても差があります。

回線使用料は、回線の種類や通信速度などで異なります。常時接続で使う固定回線では定額がふつうで、どれだけ使用しても料金は一定です。携帯電話やスマートフォンでは定額料金以外に、通信データ量に応じて課金する方式もあります。

パケット課金とは

インターネットでは、データを**パケット**(Packet=小包)という小さな単位に分けてやりとりします。一般に、動画はデータ量が多いためパケット量は多く、文字だけのメールはパケット量が少なくなります。

携帯電話やスマートフォンの料金体系で、「パケット課金」はインターネットでやりとりするデータ量に応じて料金がかかること、「パケット定額」はどんなに使っても定額料金であることを意味します。

COLUMN

ブロードバンド回線

大容量データを高速で伝送できる回線をブロードバンド(Broad Band)といいます。ブロードバンドとは「広帯域」という意味で、10Mbps〜100Gbps程度の伝送速度があります。

●ADSL(エーディエスエル)

ADSL(Asymmetric Digital Subscriber Line)は、一般的な電話回線を使って高速データ通信をする方式です。回線速度は8Mbps〜56Mbpsですが、電話局から距離が離れるほど遅くなる弱点があります。

●CATV(シーエーティブイ)

CATVは、もともとは有線でテレビ番組を配信するサービスですが、その同軸ケーブルをインターネット接続にも利用します。回線速度は1Mbps〜1Gbpsです。

●FTTH(エフティティエイチ)

FTTH(Fiber To The Home)は光ケーブルを使った回線です。100Mbps以上の高速のデータ伝送を実現します。1〜10Gbpsの超高速サービスも登場しています。

●高速無線通信LTE、WiMAX(ワイマックス)

無線通信(Wireless Communication)は携帯電話の電波を使って通信します。電波が届く地域であれば、ケーブルなしでインターネットを利用できます。回線速度の上限は75Mbps〜100Mbps程度と比較的高速です。

次世代の5G通信は、現在の4G(LTE)の数十倍の高速通信が可能とされています。東京オリンピックが開催される、2020年のサービス開始を目ざして準備が進められています。

これらとは別に、2009年に登場したWiMAX(ワイマックス)という無線通信方式があります。WiMAXは2020年3月に終了予定で、今後はWiMAX2+(ワイマックスツープラス)へと移行します。

なお、高速無線通信では通信会社がプロバイダの役割をかねています。

COLUMN

上り、下りとは

「下り最大110Mbpsの高速通信」という文の「下り」とは、「インターネット側にある情報を手元のパソコンに転送する」という意味です。この逆に、「上り」は「手元のパソコンからインターネット側に情報を転送する」という意味です。

よく見るウェブサイトのしくみ

ウェブサイトの検索と表示は、インターネットを代表する利用法です。検索によって、膨大な数のウェブサイトからさまざまな情報を得ることができ、自分の世界が広がります。ウェブサイトのアドレスを表すURLは、URIのルールに従って記述されます。

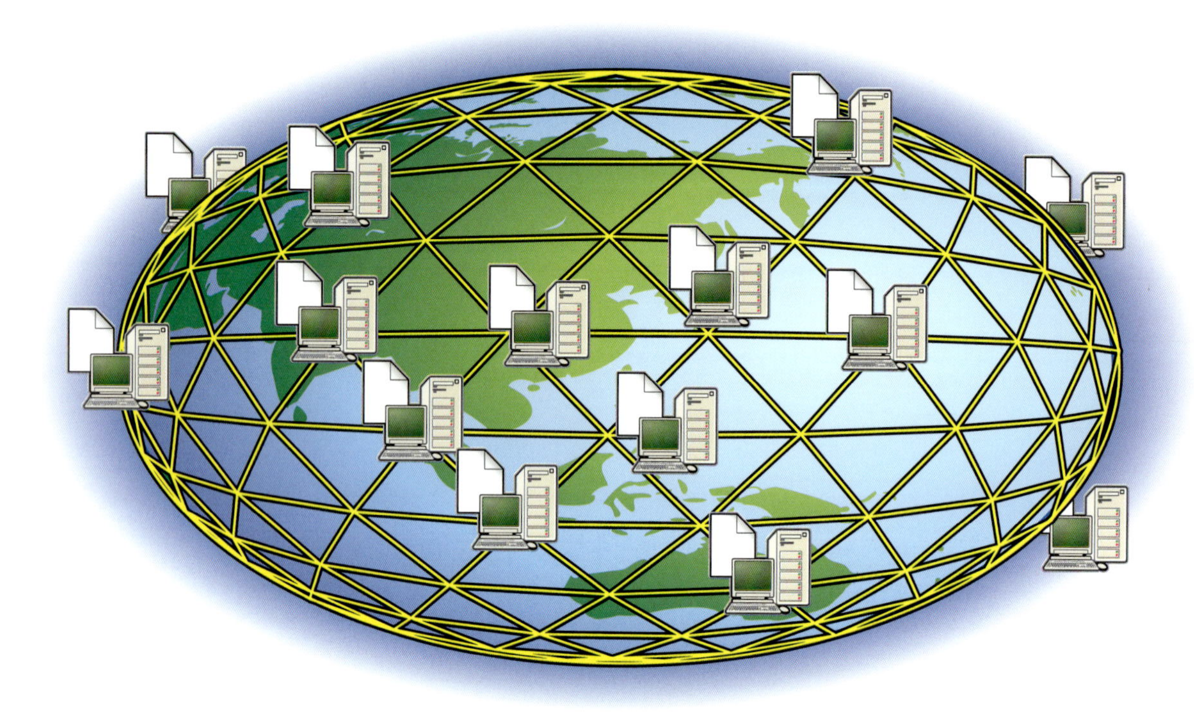

ワールドワイドウェブ

全世界に存在するウェブサイトが見られるしくみを、ワールドワイドウェブ(World Wide Web)といいます。略してWWW(ダブリュダブリュダブリュ)、または単に**ウェブ**と呼びます。

ワールドワイドウェブは、直訳すると「世界に広がっているクモの巣」という意味です。世界中のコンピューターを結ぶネットワークのケーブルが、クモの巣を連想させるからでしょう。

WWWはインターネット上でデータを共有するためのしくみの1つで、**HTTP**(HyperText Transfer Protocol)というプロトコル(手順の取り決め)に従っています。ブラウザ(閲覧ソフト)を使うことで、色やフォントの違う文字、図形、写真、イラスト、アニメーション、音楽、映像など、さまざまな種類のデータを受け取り、画面に表示することができます。

ウェブサイトとホームページ

ウェブでは、世界中のユーザーが公開しているウェブサイトを見ることができます。**サイト**(Site)とは「場所」という意味で、ウェブサイトを単にサイトとよぶこともあります。ブログやSNS、掲示板もウェブサイトの一種で、ウェブサイトの数は数えきれないほどあります。

ウェブサイトは通常、複数のウェブページから構成されています。ウェブサイトの表紙や目次となるページのことを、とくに**ホームページ**といいます。日本では、ホームページという言葉がウェブサイトの意味や、WWWの意味で使われることもあります。

URIとURL

URL(ユーアールエル=Uniform Resource Locater)は、ウェブサイトやウェブページの場所を指定する一連の文字列です。多くは「http://www.～」または「https://www.～」で始まります。WWWで見ることのできるウェブサイトやページのありか、インターネット内の住所と考えるとよいでしょう。ウェブサイトやホームページの**アドレス**とも呼ばれます。ブラウザにURLを入力すると、URLで指定された場所にあるウェブページを取り込み、画面に表示します。

URI(ユーアールアイ=Uniform Resource Identifier)はURLよりも広い概念で、文書や画像などの名前や場所を個々に識別するための、記述のルールのことです。URLはURIのルールに沿った記述法で、ウェブページなどの場所を指定しています。

HTML

ウェブページは、HTML(エイチティエムエル→124ページ)という形式で書かれています。文字や図などの各種データをページ内に配置するために取り決められた、タグと呼ばれる命令語を使うことで、文字の装飾、絵や写真の配置など、さまざまな指定ができます。

リンク

HTMLで実現できる機能の中に、リンクとよばれる重要な機能があります。リンク(Link)は**ハイパーリンク**(Hyperlink)の略語で、複数のデータを関連付けして、片方のデータからもう片方のデータを参照できるようにするしくみのことです。

リンクの機能を利用すると、1つのウェブページから順次いもづる式に、リンクが設定されたページを見て回ることができます。これをネットサーフィンと称することがあります。

ドメイン名

URLの「http://www.」または「https://www.」の後ろに来る名前を**ドメイン名**、「www」の部分を**ホスト名**といいます。ドメイン(Domain)は「領域」という意味で、ドメイン名はウェブサーバーを運営する組織の名前や国などの属性を示す文字列です。

ドメインにはいくつかの種類があり、ドメインを見れば、そのドメインを所有する組織がどういった種類のものなのかがわかります。最後に付く記号は国の識別で、「.jp」ならその組織が日本のものであるという意味です。

URLの意味

ドメイン名

www.dokokano.co.jp

ホスト名(サーバーの名前)
組織の名前
組織の種類を表す
国を表す(アメリカはこの部分がない)

ドメイン名の種類の例

.co.jp	日本にある企業
.ne.jp	プロバイダなど商業ネットワーク
.ac.jpまたは.ed.jp	学校や教育施設
.go.jp	日本の政府機関
.com	アメリカの企業

国の例

jp:日本	cn:中国	es:スペイン
uk:英国	ru:ロシア	kr:韓国

ウェブページは こんなものでできている

ウェブページは自分で作成して公開することもできます。ウェブページはHTMLで記述され、スクリプトでさまざまな機能を実装し、スタイルシートでデザインされます。ブログもウェブページの一種で、特別なソフトウェアを使わずに更新できる手軽さで人気があります。

ウェブページ（ホームページ）を自作する

ウェブは、自分の伝えたいことを発信する有効な手段です。ウェブページを作成して、自分が表現したいことを載せれば、多くの人に見てもらうことができます。

公的な情報を発信しているウェブページもありますが、自分の趣味に関する情報など、きわめて私的なことをウェブページに載せる人も少なくありません。

ウェブページ記述言語のHTML

HTML（エイチティエムエル＝HyperText Markup Language）はウェブページを記述する言語です。文字の大きさを変える、配色する、文章･図表･写真･音楽･ビデオなどを掲載するなど、ウェブページのデザインを指定するためのルールの固まりです。ウェブページの設計図、あるいは組み立て説明書のようなものだといえます。

HTMLは<と>の間にはさまれた、タグ（Tag）と呼ばれる命令の文字列を書くことで、ウェブページの実体を記述します。プログラミング言語の一種なので、使いこなすには勉強が必要です。HTMLファイルの拡張子は.htmまたは.htmlです。

ウェブページ作成ソフトを使うと、HTMLのタグや文法を知らなくても、ページに図表や写真を貼り付けて、ワープロ感覚で手軽にウェブページを作ることができます。代表的なウェブページ作成ソフトには、ジャストシステム社のホームページ･ビルダーがあります。

スクリプト

ウェブページ内で入力した値による計算の結果を表示する、ボタンをクリックするとメニューが表示される、などの動きのあるしかけは**スクリプト**で実現します。スクリプトはHTMLだけでは実現できない機能を、ウェブページに実装するための、ブラウザ上で動作するプログラムの一種です。

JavaScript（ジャバスクリプト）は代表的なスクリプト言語で、多くのウェブページで利用されています。

ブログ

ブログ（Blog）は**ウェブログ**（Weblog）の略です。ログ（Log）とは日誌あるいは記録という意味で、ブログはまさにウェブ上にある日誌のようなサイトです。とくに、日記やニュースといった時系列で並ぶ記事を掲載するのに向いています。

ウェブサイトは新しい記事を追加するなどの更新作業がけっこう大変ですが、ブログはその更新にかかる手間が少なく、かんたんなのが最大の利点です。HTML言語について知る必要もありません。

ブログはブラウザ上で更新できるので、特別なアプリを使う必要はありません。入力する項目を埋めていくだけで、かんたんに記事を作成できます。画像や動画の掲載も、ファイルを選んでボタンをクリックするだけです。

ブログのデザインは、用意された複数のテンプレート（ひな形）から選択するだけです。さらに、HTMLやCSSの知識があれば、自分好みに作り変えることもできます。

更新の手軽さが受けて、ブログを書くことは、パソコンにあまり詳しくない人にまで広く浸透しました。

スタイルシートCSS

HTMLだけでは、印刷物のような自由なレイアウトは指定できません。そこで、ウェブページのデザインをより詳細に指定する方法として考えられたのが**スタイルシート**（CSS＝Cascading Style Sheets）です。

スタイルシートを使うと、ウェブページの本文や見出しなどページの構成要素ごとに、文字のフォント･色･大きさを細かく指定できます。また、複数のHTMLファイルから共通のスタイルシートを参照するようにできるので、ウェブサイト全体のデザインを統一できます。スタイルシートを書き換えるだけで、ウェブサイト全体のデザインをガラッと変えることもできます。

ウェブサイト作成サービスを利用する

近年、**Jimdo**（ジンドゥー）や**wix**（ウィックス）など、「ブラウザ上で作業するだけで自分のウェブサイトを作成できるウェブサービス」の利用者が増えています。これらのウェブサービスでは専用のアプリをインストールする必要がなく、HTMLの知識は不要で、用意されたデザインから選択するだけで美しいウェブページを作成できます。作成したウェブページはボタン1つで更新できるなど、ブログの作成と似ています。

これらのウェブサービスは、有料と無料のプランが用意されています。まず無料プランでスタートして、ウェブサイトの規模が大きくなったら、便利な機能が使える有料プランに切り替える、という使い方ができます。

ブログは日記のように、時系列の記録を掲載するのに向いています。一方、ここで紹介したウェブサービスはお店や企業のように、固定した内容が多いウェブサイトの作成に向いています。

ウェブブラウザでできること

ウェブブラウザはウェブページを見るためのアプリケーションです。インターネットから取り込んだ、さまざまな形式の情報を表示することができます。OSに付属するウェブブラウザのほか、自分の好みのウェブブラウザをインストールして使うこともできます。

ウェブブラウザとは

ウェブページを見るには**ウェブブラウザ**（Web Browser）というソフトウェアを使います。単に「ブラウザ」とも呼ばれます。ブラウズとは「閲覧する」という意味です。ブラウザは、ウェブページを構成しているHTMLファイルや関連する画像ファイルなどを、インターネットからパソコンに取り込み、画面上にレイアウトして表示する機能を持っています。

ブラウザを使うと、写真、音、ビデオ映像、アニメーションなどをちりばめたウェブページを、誰でもかんたんに見ることができ、インターネット上の豊富な情報を参照することができます。見るだけでなく、ファイルを保存することもできます。

ブラウザ上でさまざまなソフトウェアを動かすこともできます。単に情報を見るだけではなく、さまざまなウェブアプリケーションが動く土台にもなっています。

COLUMN

アドオン、プラグイン

動画やアニメーションなど特定のデータを再生したり、ブラウザの使い勝手を変更したい場合、ブラウザの持っている基本機能では対応できない場合があります。アドオンはブラウザの機能を拡張する追加ソフトで、目的別にさまざまな種類があります。ブラウザによっては「プラグイン」や「拡張機能」と呼ぶ場合もあります。

代表的なウェブブラウザ

2018年10月現在でよく使われているブラウザとしては、グーグル社の**クローム**（Google Chrome）、Mozilla Foundationが開発する**ファイアフォックス**（Firefox）、ノルウェーで開発された**オペラ**（Opera）、macOSの標準ブラウザであり、iPhone･iPad･iPod touchでも採用されている**サファリ**（Safari）などがあります。マイクロソフト社の**エッジ**（Edge）はウィンドウズ10に付属する最新のウェブブラウザです。ウィンドウズ10は旧ウィンドウズに付属していた**インターネットエクスプローラ**（通称IE=アイイー）も搭載しています。

ほかにも多くのブラウザがあり、それぞれ機能や操作性が異なります。拡張機能の種類、動作の軽快さ、動作の安定性、必要なメモリ量、スマートフォン版の有無などの違いがあるので、いくつか試してみるとよいでしょう。

ウェブブラウザで情報を検索する検索エンジン

ブラウザのURL欄に目的のウェブページのURLを入力すると、そのページが表示されます。しかし、実際にURLそのものを入力することは滅多にありません。

人が情報を探すときは、たとえば「あのドラマの脇役の俳優について知りたい」とか、「旅行先で利用できる旅館について知りたい」といった発想から始まります。

そこでインターネットには、知りたい情報に関連する言葉を入力すると、一瞬で関連するウェブページを根こそぎ探し出して、重要な順番に並べてくれる便利なしくみがあります。これを**検索エンジン**（検索サイト）または**サーチエンジン**といいます。インターネットで情報を探す場合は、検索エンジンを使うのが一般的です。

WWW上の情報が無限ともいえる膨大さであることを考

えると、検索エンジンがなければインターネットは宝の持ちぐされになったことでしょう。

検索エンジンのしくみ

ブラウザには、主要な検索エンジンをすぐ利用できる機能が用意されています。検索欄に検索語句(キーワード)を入力して実行するだけで、検索結果が一覧ページで表示されます。表示されたリンク一覧から、見たいウェブページのリンクをクリックすると、目的の情報が載ったウェブページが表示されます。

代表的な検索エンジンには**Google**(グーグル)、**Yahoo!**(ヤフー)、マイクロソフト社の**Bing**(ビング)などがあります。

検索エンジンのデータベースにウェブサイトの情報を蓄える方法として、**ロボット型**と**登録型**の2種類があります。ロボット型は**ロボット**(ボット)と呼ばれるプログラムが世界中のウェブサイトを自動巡回して、ウェブサイトの情報を収集しています。

一方、登録型は「スポーツ」「教育」「ニュース」などのジャンル別に、おすすめのウェブサイトが手作業で登録されています。

お気に入り、ブックマーク

自分の気に入ったウェブサイトを見つけたら、そのURLをブラウザに登録しておくことができます。この機能は**お気に入り**や**ブックマーク**(Bookmark=しおり)と呼ばれます。一度登録しておくと、一覧から選ぶだけでかんたんに目的のウェブサイトを表示することができます。

プライベートブラウジング

一般に、ウェブブラウザを使ってウェブサイトを表示すると、表示したウェブページの履歴や入力フォームへの入力値など、さまざまな情報がパソコンに記録されます。次にそのページを表示するときは、記録した情報が使われます。そのパソコンを自分だけが使うならば便利な機能ですが、家族、会社、学校など、ほかの人と共有して使うパソコンではプライバシーが漏れてしまいます。

マイクロソフトエッジの**InPrivateウィンドウ**やグーグルクロームの**シークレットモード**など、多くのブラウザには**プライベートブラウジング**と呼ばれる機能がついています。プライベートブラウジングを使うと、パソコン内に履歴を残さずにウェブサイトを見ることが可能です。

ただし、パソコン内に履歴が残らなくても、プロバイダやウエブサイト側にはしっかり履歴情報が記録されます。プライベートブラウジングによってプライバシーがモロにばれる危険性は減りますが、透明人間のように、足跡を残さずにウェブを利用できるわけではありません。プライベートブラウジングでも通常のブラウジングでも、この点は同じです。

手軽に使えるメールのしくみ

メールはウェブと並ぶ、インターネットの代表的な機能の1つです。パソコンだけでなく、携帯電話やスマートフォンでもインターネットのメールを送受信できます。ウィンドウズとmacOSには標準でメールソフトが用意されていますが、自分で選んだメールソフトを使うこともできます。

便利で身近な連絡手段

インターネットを介してやりとりする手紙を電子メールといいます。**Eメール**、単に**メール**とも呼ばれます。相手がインターネットのメールアドレスを持っていれば、地球上のどこに住んでいてもメールを送ることができます。携帯電話やスマートフォンでもメールを送受信できます。

メールは電子的にデータが移動するだけなので、郵便や宅配便などとは比較にならないほど早く相手に届きます。地球の裏側の人にも、ほぼ瞬時にメールを送ることができます。

メールは時と場所を選ばずに、正確に用件を伝達できるコミュニケーション手段です。封書や葉書のように、わざわざ投函に行く手間もかかりません。思い立ったらすぐに送ることができ、深夜に送っても相手に迷惑をかけません。

メールのしくみ

誰かがあなたのメールアドレス宛にメールを送ると、そのメールのデータはインターネット内のいくつものサーバーを経由して、あなたが契約しているプロバイダのサーバーに到達します。プロバイダのメールサーバーの中には、あなた専用の**メールボックス**領域が確保されています。メールボックスは私書箱のようなものです。

あなたは好きなときにインターネットに接続して、メールボックスをチェックします。すると、プロバイダのメールサーバー内のメールボックスから、あなたのパソコンにメールのデータが転送されてきます。届いたメールを開くと、内容が画面に表示されます。

あなたが誰かにメールを出すときも、差出人と受取人の立場が逆になるだけで、しくみは同じです。

メールアドレス

メールアドレスは、インターネット上の郵便の宛先です。メールアドレスは「xxxx@yyyy.ne.jp」のような形式になっています。「@」という記号は**アットマーク**と発音します。

@の前のxxxxの部分は**アカウント名**とよばれます。アカウント名は同じメールサーバーを使う他のユーザーと区別するために使われます。

@の後ろの部分は**ドメイン名**です。インターネット内での住所の役割を果たします。yyyy.ne.jpの場合、yyyyは組織の名前など、neはプロバイダなどの商業ネットワークの属性を示し、jpは日本を表しています。

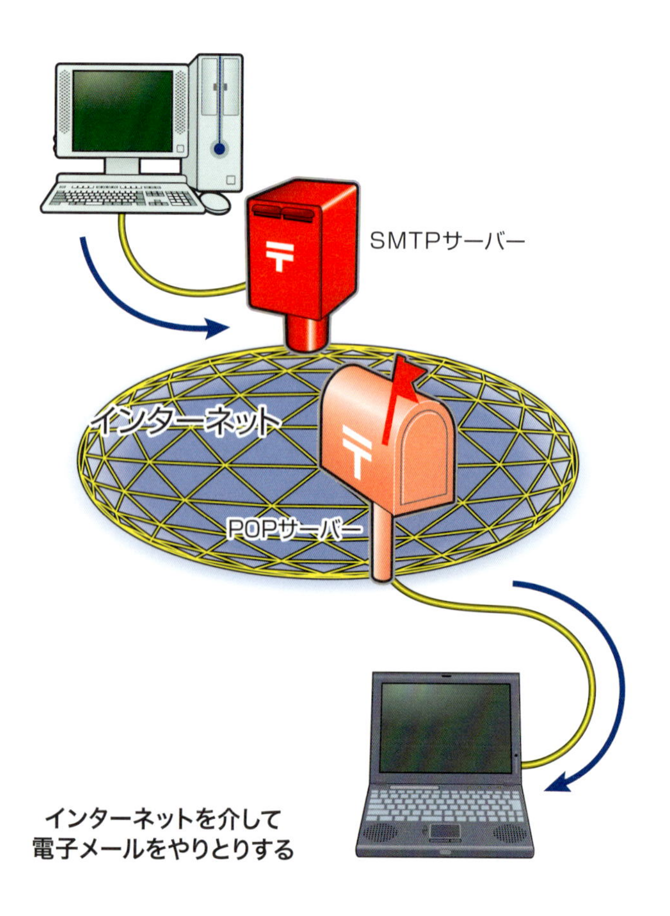

インターネットを介して
電子メールをやりとりする

SMTPとPOP3

電子メールを送るときのプロトコル（手順の取り決め）を**SMTP**（エスエムティピー＝Simple Mail Transfer Protocol）、メールサーバーからメールを取り込むときのプロトコルを**POP**（ポップ＝Post Office Protocol）といいます。

メールを使うには、アカウント名とパスワードのほかに、SMTPサーバー名とPOP3サーバー名を設定する必要があります。

メールソフト、メーラー

メールを送ったり、受け取ったりするためのソフトウェアをメールソフト、またはメーラー（Mailer）といいます。ウィンドウズ10には「メール」、macOSにも「メール」というメールソフトが付属しています。

フリーソフトやシェアウェアの中にも、優れたメールソフトはたくさんあります。ブラウザでメールを送受信する、Gmail（ジーメール）のようなウェブサービスも広く使われています。

添付ファイル

メールには、画像などいろいろなデータを付けて送ることができます。これを添付ファイルといいます。

メールはすべてのデータをテキストデータ（文字だけからできているデータ）で送ります。画像などの添付ファイルは、いったんテキストデータに変換（エンコード）されて送信され、受信側でもとのデータに復元（デコード）されます。この変換作業はメールソフトが自動的に行ってくれます。

HTMLメール

メールの基本は、文字だけのテキスト形式のメールです。これに対して、HTMLメールの形式にすると、ウェブページのように絵や色のついたメールを送ることができます。ただし、一部のHTMLメール未対応のメールソフトでは表示することができません。

HTMLメールには「見た目がおしゃれ」というメリットがありますが、うっかり不正なリンクをクリックしたり、メールに仕込まれたウイルスを実行してしまう恐れもあります。このような危険を避けるため、HTMLメールを受信しない設定にしているユーザーもいます。このため、仕事のやりとりではテキスト形式のメールを使うことが推奨されています。

メールよりも使われているLINE（ライン）

LINEはLINE株式会社が提供するSNSです。ユーザー数がきわめて多く、連絡にはメールよりもLINEを使うという人も少なくありません。LINEは身内やグループなど、限られた人どうしでメッセージをやりとりします。スタンプ、クーポン、無料電話などのサービスも魅力です。

LINEとは

2011年に日本でサービスを開始した**LINE**は、身内やグループなど限られた人どうしでコミュニケーションを楽しむSNS（エスエヌエス=ソーシャル・ネットワーキング・サービス）です。もちろん、1対1で**トーク**（会話）を楽しむこともできます。

LINEでは文字のほか、音声、写真、動画、ビデオ通話などのやりとりができます。コミュニケーションの相手は、スマートフォンに登録されている連絡先を追加したり、現実に面識のある人を招待したり、相手と対面で登録するのが基本です。

スマートフォンでLINEを利用するには、まずLINEアプリをインストールする必要があります。機種によっては、最初からLINEアプリがインストールされている場合もあります。

LINEはスマートフォンでの利用が前提ですが、パソコンでも公式サイトからアプリをインストールすれば利用できます。なお、LINEは原則で実名参加のフェイスブックと違い、ニックネームでも利用できます。

スマホでLINEを利用する

メールより使いやすい連絡手段

LINEは相手と気軽にコミュニケーションできて便利なため、人との連絡にはメールでなくLINEを使うユーザーが増えています。実際に、どんな点が便利なのでしょうか。

まず、LINEは相手とのやりとりがリアルタイムに表示されるため、会話の流れを確認しやすいことが挙げられます。相手が自分のメッセージを読むと「既読」と表示され、相手から反応があればその内容がすぐに表示されます。キャッチボールのように、お互いに次々とメッセージを書くことになり、話が盛り上がりやすいのです。

メッセージのやりとりは、人またはグループごとに専用の**トークルーム**内で行うので、だれとコミュニケーションしているか一目瞭然です。一連のやりとりもトークルームごとに分けて表示されるため、グループごとの話の流れを把握しやすく、密な連絡ができます。

気持ちを伝えるスタンプ

文字だけのメッセージ交換では、相手に気持ちをうまく伝え切れないこともあります。LINEには**スタンプ**と呼ばれる画像が多数用意されています。スタンプを使うことで、文字だけでは伝わりにくい気持ちを伝えやすくなります。

人気キャラクターのスタンプ、アニメーションするスタンプ、音が出るスタンプなど、いろいろなタイプのスタンプがあります。相手とスタンプをやりとりするだけでも楽しめます。

公式アカウントも便利

LINEのアカウントとは、LINEで連絡できる人または団体のことを指します。LINEの**公式アカウント**はLINE側で用意したアカウントで、アーティスト、有名人、ブランド、テレビ番組などのアカウントのことです。この場合は、人とのコミュニケーションというよりは、好きなアーティストや有名人などの情報を得ることが目的です。

公式アカウントの中には、外国語への翻訳、天気予報、宅配便の再配達申し込みなど、業者と提携してサービスが提供されるものや、特別な機能を持ったアカウントもあります。

新しいサービスを次々と提供

LINEは無料通話、LINEスタンプ、LINEクーポン、ゲーム、音楽、ニュース配信、動画を生配信するLiveなど、さまざまなサービスを提供しています。「ユーザーに使ってもらおう」という工夫が楽しいです。

複数のメンバーでイベントのスケジュールを調整でき、イベントへの出欠確認もできる「LINEスケジュール」、審査不要のプリペイド形式ながらクレジットカードのように使える「LINE Pay」など、新たなサービスの開拓にも注目です。

世界最大のSNS～フェイスブック

フェイスブックは利用者数が世界最大のSNSです。フェイスブックは原則として実名での参加になるため、他のSNSと比べると配慮のある慎重な投稿が多いのが特長です。「いいね!」で共感の気持ちを伝えるしくみが楽しいです。

フェイスブックとは

2004年、ハーバード大学の学生だったマーク・ザッカーバーグが、大学内の交流サイトを作ったのが**フェイスブック**（Facebook）の起源です。フェイスブックはのちに一般にも公開されて、利用者数が爆発的に増えました。

2018年現在、フェイスブックは世界最多の利用者数をほこるSNSです。日本では2008年からサービスが開始されました。

実名をもとに友だちに登録

フェイスブックの最大の特徴は、原則として実名で参加することです。実名をもとに、仕事や趣味などで交流がある人を「友だち」として登録できます。また、仕事や趣味が共通する人を**友だち検索**で探して「友だち申請」することで、新しい人間関係を築くことができます。

フェイスブックは実名、出身地、学歴、仕事、趣味など、個人プロフィールの項目が多いのも特徴です。これらの項目をヒントに検索すると、子どものころの友だち、学生時代の同級生や恩師、過去の職場の同僚など、しばらく会っていなかった人と人間関係を再構築できる可能性もあります。

「いいね!」で満たされる承認欲求

人は誰でも、他人から認められたいという承認欲求を持っているといわれています。フェイスブックの**いいね!**は自分の投稿を読んだ人が気に入ったらクリックしてもらうボタンで、まさに承認欲求を満たすためのシステムです。同様のシステムはほかのSNSにもありますが、実名登録が原則のフェイスブックの「いいね!」はより価値が高いといえます。

一方、承認欲求が満たされる快感には副作用もあります。

パソコンでフェイスブックを利用する

「いいね!」をもらえる·もらえないが過剰に気になって日常生活がおろそかになったり、「いいね!」が欲しいあまりに現実以上の自分を無理に演出するなど、いわゆる**SNS依存症**になるユーザーが増えていることが問題になっています。

深いコミュニケーション

フェイスブックの基本は、フェイスブック内で知り合った「友だち」を相手に、お互いの近況や興味があることに関する文章、写真、動画などを投稿しあって楽しむことです。

趣味、仕事、出身校、出身地など、何らかの点で共通項を持つ人たちが集まって作られるグループに参加することもできます。参加したグループ内に意見が合う人がいたら、新たに「友だち」になることができます。ある関心事について、より内容が濃いコミュニケーションができます。このように、自分と何らかの共通項を持つ人を交流の輪に入れていくことで、つながりの範囲を広げていきます。

また、フェイスブックは特定の相手にメッセージを送るメッセージ機能も充実しています。相手が自分のメッセージを読んだことがわかるため、メールの代わりに使うこともできます。

小さなメディアとしても使える

フェイスブックは利用者数が世界最大のSNSです。これは、自分で企画したイベントを開催する、あるものに興味があって探しているなど、多くの人に告知したいことがある場面で有利です。

また、フェイスブックは会社や店の宣伝ページを作ることができるので、ビジネスの宣伝メディアとして利用することもできます。

情報流出に注意

フェイスブックは実名登録が原則で、任意ながらプロフィールに登録する項目も多いため、個人情報の流出には十分に注意が必要です。

以前、フェイスブックに登録した個人情報が企業に不正利用された事件がありました。最低でも、うっかり自分から個人情報を漏らさないよう注意が必要です。投稿や個人情報をどこまで公開するか、定期的に確認することも大切です。

140文字まで気軽に発信～ツイッター

ツイッターは英語で「つぶやき」という意味の言葉です。思いついたときに、その場ですぐに投稿する（つぶやく）のがツイッターの基本です。ツイッターの投稿は情報の拡散力が強く、社会への影響も非常に大きいため、モラルと節度のある投稿を心がける必要があります。

リアルタイムなライブ感

いつでも気軽に投稿できる**ツイッター**（Twitter）は2006年にサービスが開始され、2008年に日本語化されました。ツイッターはいま自分がやっていること、思いついたこと、見たこと、聴いたこと、感じたことなどを、全角文字で140文字までの短い文章で投稿します。思いついたときにその場ですぐに投稿するスタイルが基本のため、リアルタイム性とライブ感が強い、自由な雰囲気のSNSです。

ほかのSNSに比べて、ツイッターへの参加は自由度が高いのも特長です。ニックネームでの参加が可能で、1人で複数のアカウントを持つこともできます。自分の投稿を特定の人だけ見られるよう、公開の範囲を制限することもできますが、ほとんどのユーザーは範囲が広い「誰でも読める」設定のままで利用しています。

ツイッターは拡散力が強い

ツイッターのつぶやきは短時間のうちに、広い範囲にいる多くの人に拡散されます。この強い拡散力とつぶやきのリア

スマホでツイッターを利用する

ルタイム性は、災害時の安否の確認に役立った実績があります。

一方、他人を攻撃するつぶやき、調子に乗りすぎた悪ふざけのつぶやき、犯罪を自慢するつぶやきも多く、社会問題になっています。このような問題のあるつぶやきに批判が殺到して、いわゆる「炎上」状態になることもあります。

また、ツイッターだけでなくほかのSNSでも同様ですが、うそ情報やデマが広がりやすいので注意が必要です。

フォローでつながる

ほかのツイッターユーザーとつながるには、相手を**フォロー**します。フォローすると、フォローした相手のつぶやきが自分のツイッターページに表示されるようになります。このようにして、ツイッターではつながる相手を自身の判断で決めることができます。

現実には出会えない人でも、ツイッターではつながることが可能です。たとえば、「アメリカのトランプ大統領をフォローして、リアルタイムでつぶやきを追いかける」ということもできます。2018年10月現在、トランプ大統領をフォローしている人はおよそ5,528万人もいます。

つぶやきをグループ分けするハッシュタグ

ツイッターには、膨大な数のつぶやきをグループ分けする**ハッシュタグ**というしくみがあります。単語の前に#マークを付けて投稿すると、その単語はハッシュタグとなり、ツイッター全体で検索する際のキーワードとなります。ハッシュとは#マークのことで、タグとは英語で「荷札」という意味です。

ハッシュタグはツイッター特有の機能というわけではなく、フェイスブックなどでも使われますが、ツイッターで積極的に使われてきたという経緯があります。ハッシュタグの中でも、社会的に大きな影響を与えたものが**#MeToo**(ミートゥー)です。#MeTooは「私も」という意味で、セクシャルハラスメントや性的暴行の被害体験を告発・共有するための発言をする際に使われるハッシュタグです。

なんでもネットで処理できるクラウド

クラウドはインターネットを雲にたとえた言葉です。クラウドの主役は、インターネットの向こう側にあるコンピューター群（サーバー）です。クラウドの普及によって、高機能で便利なサービスを気軽に使えるようになり、パソコンの利用法も大きく変化しました。

インターネットという雲の向こう

クラウドは英語で雲（Cloud）のことで、インターネットを雲にたとえた言葉です。クラウドの普及によって、パソコンの利用法は大きく変わりました。

以前は仕事の最初から最後まで、手元のパソコンだけで処理していました。インターネットの利用があたりまえになった現在は、クラウドを活用することで、便利で高機能のサービスを気軽に利用できるようになりました。

クラウドのメリット

クラウドでデータを処理するのは、インターネットという"雲"の向こうにあるコンピューター群です。このため、インターネットに接続できれば、スマホやタブレットからでもクラウドのサービスを利用できます。また、インターネットに接続すれば外出先からでも利用できます。

クラウドのサービスの多くは、アプリのインストールを必要とせず、ウェブブラウザやエクスプローラから利用できます。これにより、パソコンのハードディスク・SSDの容量を節約できます。

ファイルの共有に便利

クラウドが普及する以前は、たとえば複数の人間でファイルを編集するのはたいへんな作業でした。ファイルをメールなどで受け渡しするのも手間ですが、油断すると同じ名前のファイルが混在して、どれが最新かわからなくなりました。

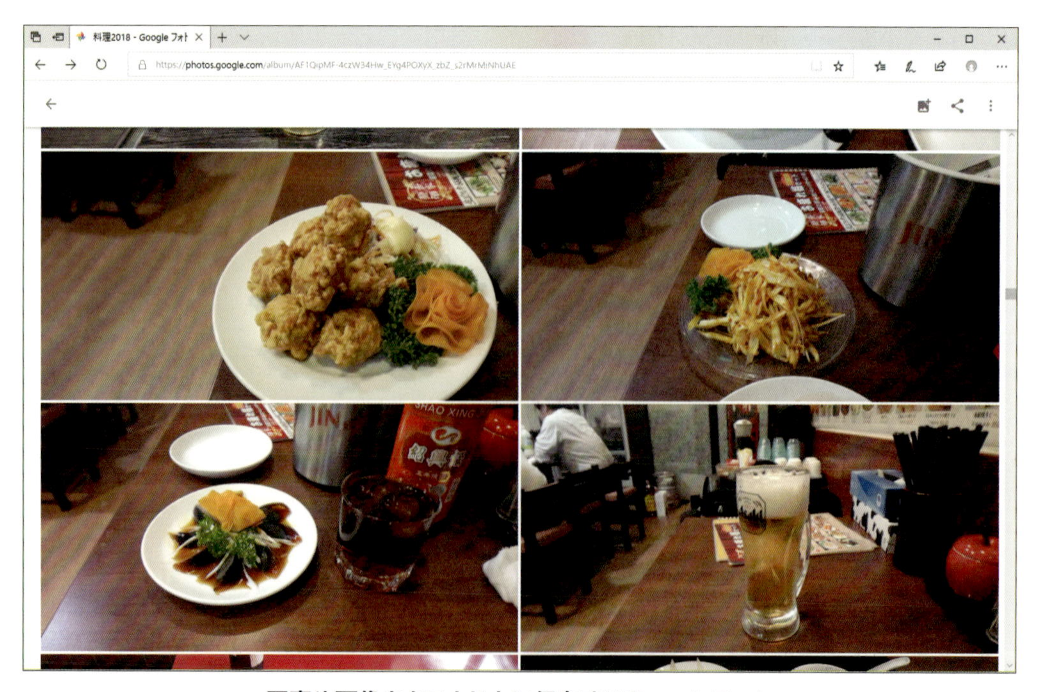

写真や画像をクラウド上に保存するGoogleフォト

ファイルサーバーを使う場合でも、違う場所にいる人とのファイルの共有は困難でした。

クラウドに保存したファイルは、複数の人間が各自のパソコンで編集したり、別の場所から編集したりできます。ファイルの置き場所は常に同じなので、ファイルの混在も防止できます。

クラウドサービスの例①
オンラインストレージ

インターネット上のストレージ（記憶装置）にファイルを保管できるサービスです。**Dropbox**、**Googleドライブ**、**OneDrive**などはファイルの種類を問わず、無料で数十ギガバイト、有料プランならばテラバイト単位の容量のストレージを利用できます。

Googleフォトや**Amazonプライムフォト**は写真・動画の保管に特化したサービスで、「オンラインフォトストレージ」とも呼ばれます。Googleフォトは1,600万画素相当の画像を無制限で保存できます。Amazonプライムフォトは、Amazonプライム会員であれば無制限で写真を保存できるほか、デジカメ写真の高画質なRAW画像（→63ページ）を保存できるという特長があります。

クラウドサービスの例②
情報を処理して表示する

大きなくくりで、「ユーザー側のデータをわかりやすく、使いやすい形で表示すること」が目的のサービスです。たとえば、メールサービスの**Gmail**（ジーメール）です。Gmailはメールの保存容量が無料でも15ギガバイトあり、メールの検索が高速で、迷惑メールの検出率が高いのが特長です。

Office OnlineはマイクロソフトOfficeのアプリをインターネット上で使えるサービスです。同様に、グーグルが提供する**Googleドキュメント**や**Googleスプレッドシート**などのサービスもあります。

このほか、予定表の**Googleカレンダー**、さまざまな情報を蓄積できる**Evernote**や**OneNote**、家計簿の**moneyforward**や会計サービス**freee**など、多数のサービスがあります。

クラウドサービスの例③
データの配信

クラウドサービス側が持っている、膨大なデータを提供するサービスです。地図やナビゲーションの**Googleマップ**、**Yahoo!地図**、電車の乗り換え案内や時刻表、運行情報を提供する**Yahoo!路線情報**、定額聴き放題の音楽配信サービス**spotify**、**Amazonミュージック**、動画配信の**Amazonプライムビデオ**、**hulu**、**Netflix**、電子書籍**Amazon キンドル**など、このジャンルにも多数のサービスがあります。

動画やテレビ放送を楽しもう

動画は何枚もの静止画を高速で切り替えて表示することで、動いているように見せています。１秒間あたりのフレーム数が多いほど、動画の映像はなめらかです。パソコンやスマートフォンで再生する動画として、近年はテレビ放送のネット配信サービスが注目を集めています。

動画は静止画を次々と表示している

動いているものを記録するには、1/30秒（30分の1秒）ごとなど、きわめて短い間隔でシャッターを切って何枚もの写真を撮ります。撮った写真の1枚1枚はただの静止画ですが、次々と切り替えながら表示すると、人間にはまるで動いているように見えます。子供のころ、ノートの片隅に描いたパラパラマンガと同じ原理です。

こうして撮影した静止画をすべてファイルに収めれば、動画のファイルになります。再生するときは、ファイルに収められた静止画を切り替えながら、次々と画面に表示すればよいのです。

動きのなめらかさの違いはfpsでわかる

動画を構成する1枚1枚の静止画をフレーム、またはコマと呼びます。たとえば、1/30秒ごとに静止画を撮影した場合、30枚の静止画で1秒間の動画になります。「動画が1秒間あたり何枚の静止画でできているか」を**fps**（エフピーエス=frames per second）という単位で表します。この例の動画の場合は「30fps」となります。

一般に、30fps以上の動画ならば、なめらかな映像が再現できるとされています。60fpsなら、かなり激しい動きでも忠実に再現できます。逆に、12fpsの場合はカクカクした動きになります。

動画の特徴を利用して圧縮している

動画ファイルのサイズは非常に大きくなります。そこで、さまざまな動画ファイルの圧縮形式が開発されています。よく使われるのが**MPEG**（エムペグ＝Moving Picture Experts Group）です。

COLUMN

エンコード、デコード、コーデック

規格に合わせてデータを変換することを**エンコード**（Encode＝符号化）といいます。たとえば、動画のデータをMPEG-2形式に変換したり、音声のデータをMP3に変換するのがエンコードです。反対に、エンコードしたファイルをもとの動画や音声のデータに戻すことを**デコード**（Decode＝復号）といいます。

そして、エンコード／デコードの際にデータを変換するしくみや手段を**コーデック**（Codec）といいます。たとえば、動画ファイルを再生するためのデータ変換の方法がプログラムされたソフトウェアが「コーデック」です。

パソコンやスマートフォンなどに、再生したい動画ファイルに合ったコーデックがインストールされていないと、その動画ファイルは再生できません。この場合は、必要なコーデックをインストールする必要があります。

エンコードやデコードには高い処理能力が要求されます。CPUの能力やメモリの容量が不足する場合は、エンコード（＝動画の作成）に時間がかかったり、デコード（＝動画の再生）でコマ落ちが発生したりする場合があります。

動画のある瞬間のフレームを取り出した静止画と、次のフレームの静止画との間は1/30秒などの短い時間なので、2枚の静止画にはあまり違いがありません。そこで、動画中の何枚かのフレーム（キーフレーム）はJPEGと同様の手法で圧縮し、それ以外のフレームについては、前後のフレーム間の違い（差分）だけを記録するようにします。これによって、動画ファイルのサイズをもとの1/100程度まで小さくすることができます。

一口にMPEGといっても、いろいろな規格があります。たとえば、**MPEG-2**はDVDビデオに採用されている規格です。**MPEG-4 AVC/H.264**は高画質で圧縮率が高く、パソコンの動画、スマートフォンや携帯電話のワンセグ放送、デジタルビデオカメラやBlu-rayなど幅広く使われています。

ストリーミングを使ったインターネットテレビ

AbemaTV（アベマティーヴィー）はインターネットでライブ放送する**インターネットテレビ**です。従来のテレビ局とはひと味違ったユニークな番組を配信し、多くの視聴者を集めています。また、NHKをはじめ民放テレビ局も、テレビ番組のライブ放送（またはビデオ・オン・デマンド）をインターネット上で配信しています。

インターネットテレビはストリーミング技術（→107ページ）を利用しています。パソコンやスマートフォンなどインターネットテレビを再生する機器では、インターネットから送られてくるデータを受信しつつ、データをつぎ足しながら再生しています。このため、再生される映像が途切れないようにするには、光回線などの高速なインターネット回線が必要です。

COLUMN

ビデオ・オン・デマンド

ライブ放送がリアルタイムな配信であるのに対して、ビデオ・オン・デマンド（Video On Demand）はすでに録画されている動画ファイルの一覧からユーザーが見たい番組を選び、その要求に応じて動画配信するサービスです。見逃した番組をあとで視聴したり、好きな映画を視聴したりする場合に利用します。配信される動画はストリーミング再生か、または動画全体のデータをパソコン等にダウンロードして再生します。

Amazonビデオ、Netflix、Huluなど、多くのビデオ・オン・デマンドサービスがあり、ユーザー数は増えつつあります。レンタルビデオ店まで行かなくても、自宅で好きな映画をレンタルできるのが大きな利点です。

これからのインターネット

仮想通貨、IoT、AI、フィンテックなど、これからの新しいインターネットを語るうえでポイントになるキーワードを紹介します。これらのテクノロジがどのように発展していくかを追うことは、変化が早いインターネットの最新情報を知ることにもつながります。

仮想通貨

インターネットの普及により、商品の売り買いは場所や時間の制限がなく、国境を越えて行われるようになりました。すると、「安全性さえ確保されれば、硬貨や紙幣はなくてもよい」という考え方が生まれ、最近話題の**仮想通貨**の流通につながっていきます。

仮想通貨の実体は暗号化された数値データです。数値の正しさは**ブロックチェーン**と呼ばれる技術で保証されています。旧来の貨幣は国が安全性を保証してきましたが、ブロックチェーンでは利用者全員が取り引きの記録を共有することで、改ざんが行われても正しい数値を保証するしくみを作っています。

仮想通貨は参入の障壁が低く、IT系ベンチャー企業の新規参入が続いています。仮想通貨と現金との交換レートが変動するので、いわゆる「値上がり益」を目当てに購入する人も多く、日本でも取扱業者が増えつつあります。

仮想通貨は新興国でも注目されています。政情が不安定で、銀行などのインフラが未発達な国でも、インターネット回線とスマホがあれば仮想通貨の金融システムを構築できるので、利用価値は大きいというわけです。

仮想通貨は発展途上の技術ですが、経済を根本から変革する可能性を秘めています。既存の金融機関も取り引きに参入するなど、今後が注目されています。

IoT

IoT（アイオーティー）は英語のInternet of Things＝**モノのインターネット**の頭文字を並べた用語です。身の回りにあるいろいろなモノをインターネットにつなげて活用しよう、という考え方です。

IoTを活用する範囲はアイデア次第でほとんど無限です。たとえば農業では、広大な畑のあちこちに観測機器を設置して、24時間モニタリングし、その情報をクラウドサービスに送ります。この情報をもとに気温、水やりの必要性、苗の発育、害虫の発生などの状況を畑だけでなく家からでも把握できるので、人間の手間を減らし、農薬などを節約できます。

また、車ならば自動運転、安全の確保などに活用できます。あらゆるモノをインターネットにつなげることで、私たちの生活が大きく変わる可能性があります。

IoTで懸念されるのはセキュリティです。IoTでインターネットにつなぐ機器は数が多いので、低コストにする必要があります。結果として、セキュリティ面が弱くなる可能性が指摘されています。

AI

近年、ボードゲームで人間がAIに負けたニュースを見かけるようになりました。たとえば、2013年から2017年にかけて、ポナンザ（Ponanza）という将棋ソフトとプロ棋士との対局が話題になりました。2017年の第2期電王戦で、ポナンザは佐藤天彦名人に2連勝しています。

ポナンザは過去の対局データ5万局ぶんを学習したうえ、自分自身との対戦を700万局も繰り返して、将棋の戦略を学習したとされています。感情や体調、疲労に左右されず、人間が思いつかない手を迷わず打ってくるところに、ポナンザの強みがあるのでしょう。

最近話題の**AI**（エーアイ＝Artificial Intelligence）は日本語で**人工知能**のことです。AIの目標は、人間が行う知的な作業をコンピューターにさせることです。自動運転、株価予測、コンビニのレジ、医療診断、ホテルの受付など、AIの活躍をニュースで目にする機会が増えています。

一方、現在のAIは万能ではなく、たとえば問題の答えを出した理由をAI自身は説明できません。AIは計算で答えを出しますが、意味を考えて結論を出すのではなく、心理を読むこともできません。さらに、与えられたデータに片寄りがあると、AIは片寄った答えを出してしまいます。

AIはまだ発展途上で、今後の展開に目が離せない技術です。

フィンテック

IT関連のベンチャー企業による、金融分野への新規参入が相次いでいます。そこで話題になっているのが、AIやクラウド、IoTなどのIT技術と金融を融合させて新しいサービスを生み出す**フィンテック**です。フィンテック=Fintechは英語のFinance（金融）とTechnology（技術）をもとにした造語です。

インターネットとスマホの普及により、スマホを財布代わりに使えるようになりつつあります。スマホで支払いをすると、膨大な買い物のデータが集まります。そこで得られたビッグデータをその後の販売戦略に活用し、効率よくモノやサービスを売れるようにします。これはお金の動きとIT技術を融合させた、フィンテックの応用例です。

フィンテックが活躍する場面は膨大です。クレジットカードや現金取引にかわるスマホ決済、ポイントサービス、家計簿の自動入力とクラウドによる家計管理、加入者ごとの保険の最適化、投資のアドバイス、資産運用の効率化、銘柄ごとの株価予測など、将来はお金に関すること全般がフィンテックにより効率化されていくと予想されます。

COLUMN

未来のAIはどうなる？

現在の事務系やホワイトカラー向けの仕事はAIが代行するため、将来的になくなるのでは?といわれます。また、このままAIが進歩すると、2045年には人間の知性を超える**シンギュラリティ**（技術的特異点）に達するといわれています。その影響が一部で不安視されています。

可能性を広げるインターネット

ブロードバンドと常時接続の普及によって、インターネットの価値は飛躍的に高まりました。動画・音楽の配信、地図・衛星写真の提供など、膨大な容量のデータを駆使するサービスが続々と登場し、パソコンとインターネットの使い方は大きく変化しました。

ブロードバンドとリッチコンテンツ

ブロードバンドと常時接続によって、インターネットの使い方は大きく変わりました。その1つとして、動画や音楽の配信が今やあたりまえのように行われています。文字や静止画だけでなく、映像や音声などを含めた豊かな表現のコンテンツを**リッチコンテンツ**といいます。以下にその例を挙げます。

●動画、音楽配信サービス

ハイビジョン画質の動画をインターネット経由で視聴することができます。見たいときに見ることができるサービスを**オンデマンド**(On-Demand)といいます。GYAO!やHuluは、映画や独自の番組を無料または有料でオンデマンド配信しています。NHKも過去の番組を一部配信しています。

音楽では、インターネットを通じて楽曲を配信するspotifyなどの聞き放題サービスの利用者数が増えています。iTunes Storeなどによる楽曲のダウンロード販売も拡大しています。

●動画共有サイト

世界中の個人または企業が投稿する、膨大な動画を視聴できます。グーグルが運営する**YouTube**(ユーチューブ)が代表的です(チューブとはテレビの意味です)。無料で、誰でも手軽に動画を投稿でき、ブラウザでかんたんに見られるようにしたところが優れています。まるで個人の放送局のように使えるところが受けて、個人の作品投稿からニュース映像や企業のプロモーションまで、爆発的な広がりで使われるようになりました。社会的な影響力の強さを見て、既存のテレビ局や映画会社、あるいは政治家なども積極的に利用しようという動きが見られます。

企業としてのYouTubeは、主に広告で収益を得ています。その収益は、とくに再生数が多い動画投稿者にも分配されます。この分配益で高収入を得る人が**ユーチューバー**

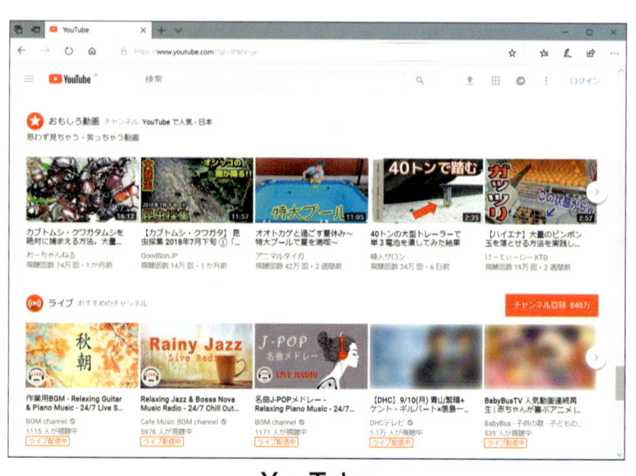

YouTube

と呼ばれるようになり、小中学生が将来なりたい職業としてユーチューバーを挙げるという社会現象が起きています。

日本では、同様のサービスに**ニコニコ動画**があります。視聴者が動画の上にテロップのようにコメントを書き込むことができ、動画を視聴しながらお互いの感想を共有できるところが特長です。

ネット地図、ストリートビュー、衛星写真

地図はインターネットで見ることがふつうになりました。グーグルが提供するGoogleマップは、**ストリートビュー**といって道路沿いの風景を上下を含め360度見わたすことまでできます。また、**Googleアース**は人工衛星や航空機が撮影した地表の写真を組み合わせ、まるで空から地球を見下ろしているように、どんな地域も細かく見ることができます。

ほかにも、目的地への乗り換え案内やナビゲーションなど、最新状態のデータを大量に必要とするサービスは、ユーザーのパソコンが個別にデータを持つのではなく、インターネット上にあるデータをブラウザを通じて利用することがあたりまえになっています。

COLUMN

インターネット放送

海外にはインターネットテレビ・ラジオ局がたくさんあり、それらは日本でも視聴することができます。日本でも地上波と同じ放送を聴けるインターネット放送「radiko」(ラジコ)が始まりました。将来は、いままでの放送局のあり方を大きく変える可能性もあります。

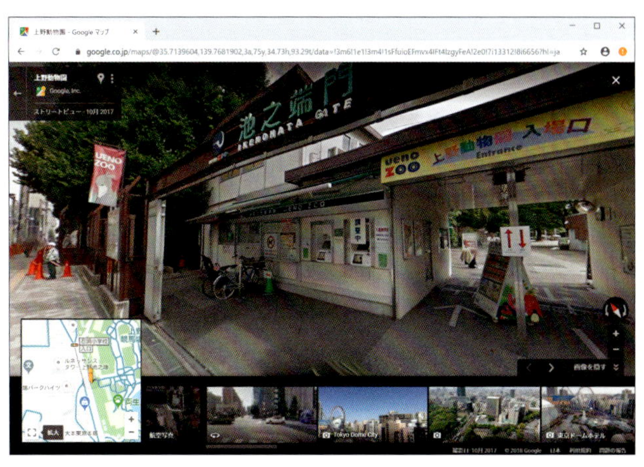

Google ストリートビュー

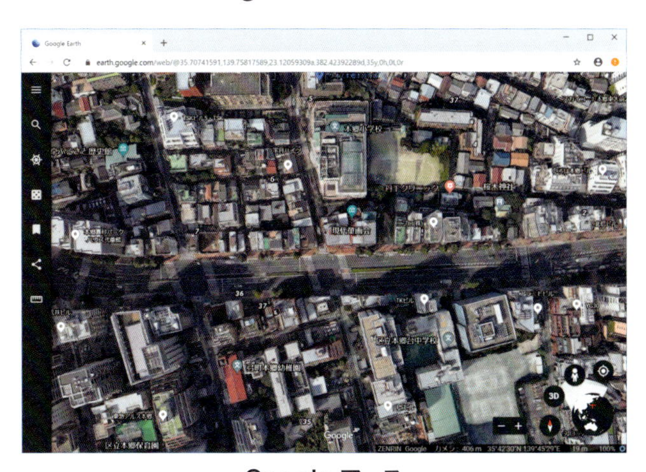
Google アース

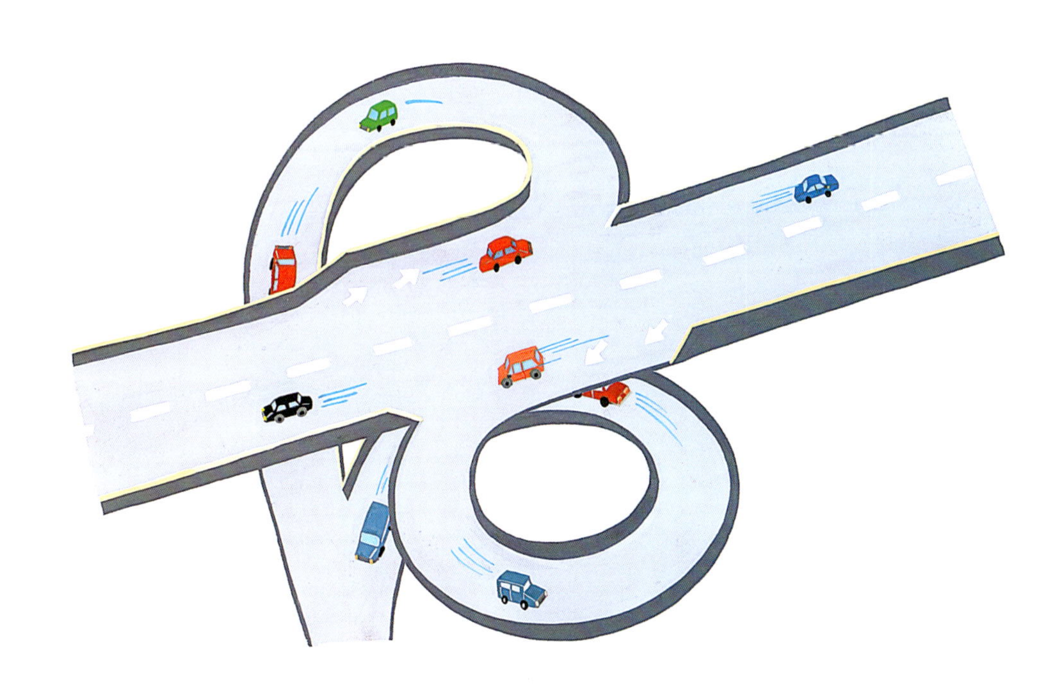

ユーザー参加型サイトが生活を変える

インターネットがもたらしたもう1つの大きな変化は、いままで受け手だったユーザーが、作り手としても情報の内容に積極的に関わるようになったことです。1人ずつが持っている情報は小さくても、それが積み重なって共有されることで、大きな知恵としての価値を生み出します。以下、いくつか例を紹介します。

●ウィキペディア（Wikipedia）

ウィキペディアは、インターネット上の無料の百科事典です。旧来の辞書や事典はひとにぎりの専門家の手によって執筆されました。ウィキペディアの書き手は専門家に限らず、その話題についての有益な事実を知っている人であれば、誰でも執筆に参加することができます。

多くの人が書き手になることで、世界中の知識の集大成ともいえる内容になり、人々が何らかの文章を書くときに、とりあえず最初に参考にする文献となっています。本書もウィキペディアを参考文献の1つとしています。

●カスタマーレビュー、価格比較サイト

amazon（アマゾン）のカスタマーレビューには、商品を購入した人の感想がたくさん書き込まれています。その商品に興味を持った人が、ほかの人の感想を参考にして、買うか、買わないかを決めることができます。

価格比較サイトは、インターネット上で販売されているさまざまな商品やサービスの価格を一覧表示で比較できます。日本では、**価格コム**（kakaku.com）が代表的です。これによって、商品やサービスの価格相場が全国的に共有されるようになりました。一番安い店を探して買えるだけではなく、製品に対するユーザーの評価や有益な情報が書き込まれており、消費者の購買行動を左右しています。

ネットオークションでも、需要と供給に基づく価格を知ることができます。多くの消費者はこのようなウェブサイトを参考に買い物をして、自分の買った商品についての情報をそのウェブサイトにフィードバックしています。インターネットは消費など人の生活行動も変えています。

●レシピ共有サイト

料理のレシピや、日曜大工·工作などDIYのレシピをユーザーどうしで投稿·共有する、いわゆるレシピ共有サイトの利用者数が増えています。プロ目線ではなく、素人ならではのアイデアやコツが満載で、利用価値は大きく、上手に生活するための知恵として活用できます。

代表例としては、料理レシピの共有サイトとして人気の**クックパッド**があります。影響力は大きく、クックパッドのレシピを見てから食事を作るという人も増えています。

パソコンの使い方を根本的に変えるインターネット

インターネットが24時間、365日どこでも使えるようになったことが、パソコンの旧来からの使い方を根本的に変えました。インターネット上に情報をどんどん積み上げていき、ユーザーがその情報を必要とする時に、必要な形に加工された情報を、ブラウザの画面に呼び出して利用するという使い方です。

このようなインターネットの利用法を裏で支える技術基盤として、スクリプト言語やウェブアプリケーション、クラウドコンピューティングなどがあります。現在、多くの人が何気なく使っているサービスも、これらの技術を土台として運用·提供されています。

ウェブアプリケーション

パソコンにインストールして使う旧来型のアプリケーションをデスクトップアプリケーション、またはスタンドアロンアプリケーションといいます。これに対して、パソコンにインストールせず、ブラウザ内で動作するアプリケーションを**ウェブアプリケーション**といいます。

この節で紹介した、ウェブブラウザ上で展開されるさまざまなサービスは、インターネットの向こうにあるクラウドやサーバーを利用することで実現されているウェブアプリケーションの一種です。

●ウェブアプリケーションのしくみ

ウェブアプリケーションは「ネットとブラウザが協力して仕事をしている」と考えると、しくみがわかりやすくなります。ウェブアプリケーション処理の大部分は、ネットの向こう側にあるクラウド上で行われます。そして、ブラウザは処理の結果を受け取って画面に表示します。

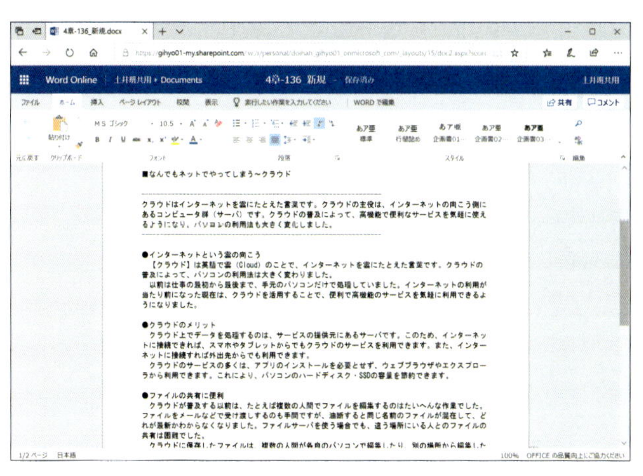

■なんでもネットでやってしまう～クラウド

クラウドはインターネットを雲にたとえた言葉です。クラウドの主役は、インターネットの向こう側にあるコンピュータ群（サーバ）です。クラウドの普及によって、高機能で便利なサービスを気軽に使えるようになり、パソコンの利用法も大きく変化しました。

●インターネットという雲の向こう
【クラウド】は英語で雲（Cloud）のことで、インターネットを雲にたとえた言葉です。クラウドの普及によって、パソコンの利用法は大きく変わりました。
以前は仕事の最初から最後まで、手元のパソコンだけで処理していました。インターネットの利用が当たり前になった現在は、クラウドを活用することで、便利で高機能のサービスを気軽に利用できるようになりました。

●クラウドのメリット
クラウド上でデータを処理するのは、サービスの提供元にあるサーバです。このため、インターネットに接続できれば、スマホやタブレットからでもクラウドのサービスを利用できます。また、インターネットに接続すれば外出先からでも利用できます。
クラウドのサービスの多くは、アプリのインストールを必要とせず、ウェブブラウザやエクスプローラから利用できます。これにより、パソコンのハードディスク・SSDの容量を節約できます。

●ファイルの共有に便利
クラウドが普及する以前は、たとえば複数の人間でファイルを編集するのはたいへんな作業でした。ファイルをメールなどで受け渡しするのも手間ですが、油断すると同じ名前のファイルが混在して、どれが最新かわからなくなりました。ファイルサーバを使う場合でも、違う場所にいる人とのファイルの共有は困難でした。

Office Web Apps

ウェブアプリケーションはブラウザ上で動作するJavaScriptなどのスクリプト言語や、クラウドやサーバー内で動作するPHP、Javaなどのプログラミング言語で作られています。

●ウェブアプリケーションのメリットと実例

ウェブアプリケーションのメリットとしては、ブラウザさえ動けばパソコンやスマートフォンなどの機器はなんでもよいこと、インストールやバージョンアップの作業が簡略化できることなどがあります。

今後の可能性を示す例として、これまでデスクトップアプリケーションが行ってきた作業を代替するウェブアプリケーションが登場しています。代表的なものとしては、マイクロソフト社の**Office Online**やグーグルの**Googleドキュメント**があり、ワープロ、表計算、プレゼンテーションなどの文書作成や編集ができるようになっています。

インターネットを安心して使うために

インターネットは誰もが平等に参加できる、世界中に開かれたネットワークです。現実の社会と同様に、インターネット上には善意もあれば悪意もあります。さまざまな悪意や誘惑から自分の身を守るための、正しい知識を持ち、正しくインターネットを利用することが大切です。

インターネットの危険性

世界中の人と交流できるインターネットですが、多くの人が参加する場では、悪意を持った人が現れる危険性が必ずあります。残念ですが、現実は甘くありません。

危険から身を守るしくみを**セキュリティ**（Security＝安全）といいます。インターネット上の危険は多種多様で、対策もさまざまです。大切なことは、日頃からインターネットの危険性を意識して、予防策を忘れないことです。

ウェブサイトを見るだけでも危険な場合がある

たとえば、ページ内のリンクをクリックしただけで、架空請求のターゲットにされることがあります。いかにも怪しげなページでは、気安く「OK」などのボタンを押さないようにしましょう。地味な対策ですが、画面のメッセージをよく読むことも危険を避けるうえで有効です。

●フィルタリングソフトで有害サイトを遮断

アダルト、暴力、自殺関連などの有害なウェブサイトをブロックして見られないようにするには、**フィルタリングソフト**を使います。学校や家庭で安全にインターネットを使うために有益なソフトウェアです。

フィルタリングソフトのブロックリストには、ウイルスやスパイウェアを配布するウェブサイトやフィッシング詐欺（→150ページ）のウェブサイトが登録されています。ウイルスやフィッシング詐欺はメールを介した感染が最も多く、フィルタリングソフトだけで完全に防ぐことはできませんが、いくらかでも防御を固めることはできます。

フィルタリングソフトはインターネット接続を契約する際に、プロバイダや携帯電話会社から有料または無料のサービスとして提供されるのが一般的です。

●JavaScriptの有用性と危険性を理解しよう

ほとんどのウェブサイトで使われている**JavaScript**は、ブラウザを介してプログラムを実行するしくみです。動きのあるページを表示したり、ユーザーの入力に応じて画面表示を変えたりなど、さまざまな場面で使われています。

JavaScriptはウェブサイトの利便性を高める反面、悪意のあるプログラムが実行される危険性もあります。たとえウェブサイト側に悪意がなくても、JavaScriptのプログラムにセキュリティ対策上のミスがあれば、悪意のある第三者にその弱点を突かれて、悪用されることもあるのです。

●危険なスクリプト対策は？

危険なJavaScriptのプログラムから身を守るには、まずブラウザのセキュリティ設定で何ができるかを知ることです。ブラウザのセキュリティ設定で、安全なウェブサイトのみJavaScriptをオン（許可）にするか、または危険なサイトのJavaScriptをオフ（ブロック）にします。

とはいっても、ウェブサイトが安全なのか危険なのかは、かんたんに見分けられるものではありません。最も現実的な対策は、危険なスクリプトの実行を検知する機能を持つセキュリティ対策ソフトを使うことでしょう。また、フィルタリングソフトのブロックリストにも危険なスクリプトのウェブサイトが登録されているので、それらを併用するのも有効な対策です。

便利さと危険な一面を合わせ持つスクリプト言語は、JavaScriptだけではありません。現在では使用を推奨されていないFLASHやActiveXなど、セキュリティ上の問題がある過去の技術を使っているウェブサイトは現在でも多数あることに留意しましょう。

盗聴と侵入による危険

インターネットの常時接続が普及したことにより、家庭のパソコンも悪意のある第三者からの攻撃の対象になっています。ここでは、盗聴と侵入について考えてみます。

重要な機密がなくてもクラッキングされる場合がある

他人のコンピュータに侵入して悪さをすることをクラッキング(Cracking)、悪さをする人をクラッカー(Cracker)といいます。クラッカーはあらゆる専門知識を駆使して、インターネットに接続したコンピューターに侵入を試みます。侵入に成功すると、データを改ざんしたり、破壊したり、個人情報を盗み出したりします。

自分のパソコンに重要な機密がなくても、「盗まれて困るデータは無いから安心だ」とはいえません。パソコンのデータではなく、とりあえずセキュリティが弱いパソコンに侵入して、そこから他のコンピューターを攻撃することが目的の場合もあります。その際に犯人の痕跡は残されず、あなたは知らずに攻撃に協力していることになるのです。

このように、他のパソコンへの攻撃に自分のパソコンが利用されることを「踏み台にされる」といいます。

盗聴を防ぐための暗号化通信SSL

インターネット上を流れているデータは暗号化されていないことが多く、技術力があれば盗聴することも可能です。機密を保護するには、パスワードやクレジットカード番号などの重要なデータを、暗号化されていない"生"の状態では流さないようにします。

ブラウザに入力した情報が外部から盗聴されることを防ぐため、**SSL**(エスエスエル=Secure Sockets Layer)という暗号化の技術を使ってデータをやりとりするウェブサイトが増えています。SSLが使われているウェブサイトでは、盗聴に関してはほぼ安全といえます。

ただし、送信途中のデータの盗聴が防げたとしても、「情報を受け取る相手先のウェブサイトが信用できるか?」は別の問題です。ウェブサイトの管理が甘くて情報が漏洩したり、じつは個人情報を集めて転売する悪質な会社だったりする可能性もあります。信用して大丈夫か、よく確認することが大切です。

●無線LAN（Wi-Fi）のセキュリティ設定

無線LANはケーブルを使わないため、自分が使っている無線LANにどんな機器がつながっているのかパッと見ただけではわかりません。そのため、無線LANは外部からの盗聴や侵入の被害に気づきにくく、利用時にはセキュリティの設定、とりわけ暗号化の設定が重要です。

一般に、無線LANでは通信内容を暗号化していますが、初期のWEP（Wired Equivalent Privacy）という暗号化方式は解読されやすいので、WEPには設定しないようにします。現時点で有力なセキュリティの設定は、強力な暗号化方式であるAES（Advanced Encryption Standard）を使用する**WPA2**（Wi-Fi Protected Access 2）です。無線LANの親機（アクセスポイント）の暗号化設定は**WPA2-PSK**、または**WPA2-PSK（AES）**に設定します。

無線LANのアクセスポイントは工場出荷時に暗号化の設定がオンになっているので、通常はそのまま使えばよいでしょう。ただし、ユーザーの誤操作で設定を変えてしまう可能性もあるので、注意が必要です。

●公衆無線LANを安全に利用する

カフェや駅など、街のいろいろな場所で使える公衆無線LAN、Wi-Fiスポットは便利ですが、第三者から盗聴される危険性があります。公衆無線LANを使う場合は、ネットバンクのように盗聴されては困るウェブサイトは極力使わないようにします。不安であれば、公衆無線LANは利用しないことです。

メールにひそむ危険

●メールはウイルスの主な感染源

ウイルスの感染経路でもっとも多いのは、メールの添付ファイルです。知人からのメールの添付ファイルでも、絶対に安心とは限りません。保存した添付ファイルはいきなり開かず、まずセキュリティ対策ソフトで検査（スキャン）します。添付ファイルがウイルスに感染していると判定された場合は、絶対に開いてはいけません。削除するか、職場であればネットワークの管理者に連絡しましょう。

なお、ウイルスについては、次節でもくわしく解説します。

●迷惑メール

迷惑メールは**スパム**（Spam）メールとも呼ばれ、無差別に大量に送られてくる広告メールです。しつこい広告やアダルトサイトへの勧誘のほか、詐欺を目的とするものや、ウイルスを添付したメールもあります。

一般に、迷惑メールの送信者に苦情を送っても効果はありません。それどころか、こちらの存在を相手に知られてしまうため、むしろ逆効果になる恐れがあります。

迷惑メールへの対処としては、利用しているプロバイダが提供する迷惑メール防止機能や、メールソフトの迷惑メール振り分け機能を利用します。

●チェーンメール

誰かから「このメールをできるだけ多くの人に転送してください」というメールが届くことがあります。内容は難病の患者を救うためだったり、悪質なウイルスに対する注意を喚起するためだったり、核戦争を防止するためだったりします。

一見すると、協力することが正義のように思われますが、これらは**チェーンメール**と呼ばれるもので、安易に話に乗るべきではありません。うっかり協力するとチェーンメールはネズミ算式に増えていき、ネットワークの負荷を無駄に増やす原因となる可能性があります。もちろん、あなたからのチェーンメールを受信した人は、たとえ実害がなくても不快な思いをします。

出所不明のソフトウェアに飛びつくのは危険

インターネットでは便利なソフトウェアがたくさん入手できますが、出所不明のソフトウェアには細心の注意が必要です。まず大切なのは、すでに安全性の評価が確定しているソフトウェアを使うように心がけることです。それでも、うっかり出所不明のソフトウェアをダウンロードした場合に危険を検知できるよう、セキュリティ対策ソフトをインストールしておくことが有効な対策です。

危険なソフトウェアの一例が**トロイの木馬ウイルス**です。トロイの木馬タイプのウイルスは、表向きは役に立つアプリに見せかけておいて、裏では悪意を持って動作します。たとえば、インターネットからパソコンへの侵入経路を確保して、侵入者がパソコンを遠隔操作できるようにするといった、危険な動作するものがあります。

COLUMN

インターネットの自由とは?

「インターネットには特定の管理者がなく、自由に参加できて、世界中の人と情報交換できる」と書きました（→114ページ）。日本にいると実感する機会はあまりありませんが、一部の国や地域では例外もあります。中国でのネット検閲などは、その一例です。ほかに、個人情報保護の目的で欧州連合（EU）が定めた「一般データ保護規則（GDPR）」の今後の影響も注目されます。

COLUMN

ハッカーとクラッカー

IT関連のニュースなどで、「ハッカー」や「クラッカー」という言葉をよく目にします。ハッカー（Hacker）は悪意がなく、パソコンなどの技術にとびきり詳しい人をさす言葉です。クラッカーは悪意を持った「破壊者」をさす言葉です。

ハッカーとクラッカーは混同されることが多いのため、最近は本来の意味である善意のハッカーを「善玉ハッカー」あるいは「ホワイトハッカー」と呼び、悪意のある悪玉ハッカーやクラッカーと呼んで区別することもあります。

マルウェアとフィッシング詐欺の対策はしっかりと!

インターネットの普及で、コンピューターウイルスやスパイウェアに侵入されるリスクが高まっています。安全のために、ウィンドウズ標準のセキュリティ機能を活用したり、セキュリティ対策ソフトを導入するなどしましょう。

マルウェアは悪意のあるプログラム

パソコンに侵入して有害な動作をするプログラムを総称して**マルウェア**といいます。マルウェアの代表例は**コンピューターウイルス**と**スパイウェア**です。

●コンピューターウイルス

コンピューターウイルスはパソコンに侵入して有害な動作をするプログラムです。意図的な破壊活動のほか、自己顕示欲を満たす、愉快犯のいたずらなどの目的で作られます。

ウイルスはウェブサイトやメールに紛れたり、USBメモリの貸し借りを通じたりして、パソコンのハードディスク·SSD、メモリなどにコピーされます。これがウイルスの「侵入」で、ウイルスがパソコン内に侵入することを**感染**といいます。

ウイルスに感染してすぐに実害が出る場合もありますが、「○月○日○時」などの特定のタイミングや、「あるアプリを起動したとき」など特定の操作をきっかけに**発症**するウイルスもあります。発症すると、画面表示が乱れる、ファイルを消される、IDやパスワードを盗まれる、パソコンが起動しなくなるなどの実害があります。見た目は異常がなくても、裏でこっそり悪さをするウイルスもあります。

●スパイウェア

スパイウェア(Spyware)はウイルスのような危険度の高い破壊行為はしませんが、勝手に広告を表示する、ユーザーの情報を外部の個人や企業に送信するなど、迷惑な動作をする点は同じです。表向きは便利なアプリとして動作するものもありますが、スパイウェアの影響でパソコンが不調になる場合もあります。

●巧妙化する手口~標的型攻撃メール

ウイルスのプログラムをメールに添付して送ってくる手口はよく見られます。添付ファイルを開く前に、必ずセキュリティ対策ソフトで検査しましょう。

友人や知人を装ったにせメールを**標的型攻撃メール**といいます。知っている人のアドレスからのメールのため、疑わずに開いてしまう恐れがあります。

●巧妙化する手口~フィッシング詐欺

受信したメールにURLのリンクが書いてある場合、安易にクリックするのは危険です。それは**フィッシング詐欺**かもしれません。

フィッシング詐欺の攻撃者は、金融機関などの本物そっくりな「にせサイト」を作っておき、メール内のリンクをクリックさせて誘導しようとします。中には、フィッシング詐欺への注意を喚起するメールのふりをした、にせの防犯メールで誘導する例もあります。フィッシング詐欺に引っかかると、IDやパスワードを盗まれる、金銭をだまし取られるなど、さまざまな被害を受ける可能性があります。

COLUMN

話題になったランサムウェア

感染するとパソコンが起動できなくなったり、パソコン内のデータが暗号化されて使えなくなったりするうえ、復元するための身代金を要求されるランサムウェアが話題になりました。「ランサム」とは英語で身代金のことです。

マルウェアやフィッシング詐欺の被害を防ぐ

攻撃側の手口は巧妙です。自分を守るため、被害を拡散させないため、できる対策は着実に実施しましょう。

●OSのセキュリティ機能を活用する

ウィンドウズの**Windows Defender**は、コンピューターウイルスをはじめとするマルウェアの感染を防ぎます。また、ウィンドウズの**ファイアウォール**(Firewall)は、ネットワークにつないだパソコンに外部から侵入できないよう防御してくれます。どちらの機能も標準でオンになっているので、通常はそのままの設定で使用しましょう。

●市販のセキュリティ対策ソフトをインストールする

Windows Defenderのかわりに、市販のセキュリティ対策ソフトを利用することもできます。セキュリティ対策ソフトはマルウェアの侵入や発症のほか、危険なウェブサイトへのアクセス、個人情報の流出、迷惑メールの受信を防止するなど、Windows Defenderより強力な機能を備えています。

代表的な製品には、トレンドマイクロ社の「ウイルスバスタークラウド」、シマンテック社の「ノートンセキュリティ」などがあります。なお、セキュリティ対策ソフトをインストールすると、Windows Defenderの機能は自動的にオフになるので、定評のある対策ソフトを選ぶようにしましょう。

●OSやアプリケーションは常に最新状態に更新する

新たなセキュリティ上の脅威が発見されると、OSやアプリケーションのメーカーは対策のアップデートを提供します。OSやアプリケーションは常に最新状態に更新する設定にしましょう。サポート切れのOSやアプリケーションはアップデートが提供されないので、使わないようにします。

●プロバイダのセキュリティ対策サービスを利用する

メールによる攻撃が多いので、プロバイダのメールサーバーにウイルス削除機能がある場合はオンにしておきます。不要な広告を送り付けてくる**迷惑メール**を削除するサービスもあります。

●安全なパスワードを使う

通販サイトや金融機関のサイトをはじめとして、自分が加入しているサービスのパスワードは十分な長さがあり、文字の種類が多い安全性の高いものを設定します。

●データをバックアップする

万一、ウイルスに感染した場合の被害を最小限にするため、データをバックアップします。OSやアプリケーションなど、パソコン内のソフトウェア環境すべてを保存する「システムバックアップ」を実施しておくと、OSが破壊された場合でも復元が可能です。

●フィッシング詐欺の対策をする

メール内のリンクをクリックする前に、正規のサイトのURLかを確認します。確認するには、よく利用する金融機関や通販サイトのURLをあらかじめメモしておき、メール内のURLと照合するという方法があります。また、メール内にある金融機関や通販サイトの名前で検索して、フィッシング詐欺の被害報告がないか確認するのも有効です。

インターネットとモラルについて考えよう

インターネットを安心して使うためには、利用者の心構えも大切です。軽い気持ちで悪ふざけの投稿をしたために、取り返しのつかない大損害に発展するかもしれません。現実の世界と同様に、インターネットでやってよいこと、やってはいけないことはしっかり区別しましょう。

軽い気持ちがまねく危険

世界中の人と交流できるインターネットですが、LINEやTwitterなど、SNSへの投稿がきっかけで大問題に発展する事件が発生しています。

最初のきっかけは、軽い気持ちのウケ狙いであることが多いようです。飲酒運転、未成年者の飲酒·喫煙、万引き、キセル乗車、試験中のカンニング、仕事仲間や上司の悪口、他人の秘密の暴露などを、内輪の仲間に自慢するかのようにSNSで吹聴する人がいます。そんな投稿を目にした第三者から痛烈に批判されたり、警察の捜査を受けたり、マスコミに報道されるなどして全国的な大問題に発展し、退学や辞職に追い込まれる事例があとを絶ちません。

インターネットの利用中、同時に大勢の人が利用していることを忘れがちです。SNSでふだんは反応がないからといって、誰も見ていないと考えるのは間違いです。インターネットでは、常に大勢の人に見られていることを忘れず、軽い気持ちの悪ふざけは慎みましょう。

自分や大切な人を危険にさらさないために

誰にでも、「他人から認められたい」という**承認欲求**があるといわれています。海外旅行に出発した、高価な店で食事をしている、宝くじに当たったなど、とにかく他人に自慢したいことがあるとSNSに投稿したくなるものです。

しかし、ちょっと待ってください。いま家を空けていることや、大金を得たことが不特定多数の人に知られてしまったら、危なくないですか?

また、かわいいお子さんが画面いっぱいに顔出しした写真を投稿したくなる気持ちもわかります。でも、ちょっと待ってください。大勢の知らない人に、お子さんの顔を覚えられるのは危なくないですか?

世の中にはいろんな人がいます。ほんの小さなヒントからもプライバシーが暴かれ、個人が特定されることがあります。想像力を働かせて、危険を避けるようにしましょう。

現実の世界だったらどうか?と考える

現実の生活では、初対面の人にいきなり自分の秘密を教えたり、なれなれしい言葉づかいをしたり、自分の裸の写真を見せたりはしないでしょう。それはインターネットも同じはずです。

他人に知らせたくない情報を、インターネット上で安易に知らせるのは危険です。現実の世界でやると問題があることは、インターネット上でもダメなのです。

インターネットは完全な匿名ではない

顔が見えないインターネットは匿名の世界のように思えますが、実際には、発言した個人を特定することは可能です。インターネットは決して匿名の世界ではないのです。

たとえ法律には触れなくても、SNSやブログ、掲示板で好き勝手に書き込みしてよいわけではありません。書き込んだ内容によっては、読んだ人を不快にしたり、心に傷を負わせる可能性があることを念頭に置きましょう。

情報は拡散しやすく、削除しにくい

スマートフォンが普及して、いつでも手軽にSNSへ投稿できるようになりました。スマートフォンのカメラを使えば、写真の投稿もかんたんです。また、スマートフォンがあればいつでもSNSを閲覧できます。これは、軽い気持ちで悪ふざけを投稿すると、それを見た人がすぐに転送して、あっという間に全国規模で拡散する恐れがあるということです。

投稿した本人が拡散に気付いたころには、すでに収拾がつかない状態です。もとの投稿を削除しても焼け石に水で、事態を沈静化する効果はほとんどありません。拡散した投稿を完全に削除するには、投稿を読んだすべての人のパソコン内にある情報も削除しなければならず、現実には不可能です。

SNSなどに投稿する前に、公開しても問題はないのか、もう一度よく考えましょう。

読む立場の過剰な反応

SNSや掲示板への投稿に対して、過剰に反応することもトラブルの原因になります。過剰な反応がSNSやブログの炎上を招き、さらなる過剰な反応につながると、批判するほうとされるほうの双方がダメージを受けかねません。

正義感にかられるのは悪いこととはいえませんが、批判を書き込む前に時間を置いて、「自分は何か誤解していないか?」「自分にとって、それほど重大ことなのか?」などと、冷静に考え直すことも必要です。

顔が見えないコミュニケーションの難しさ

メールやSNS、掲示板では、文字や画像などのデジタルデータのみで意思を伝達します。

相手の表情を確認しながらの意思の伝達ではないため、受け手の一方的な思い込みが強くなりがちです。このため、対面していればわかり合えそうな内容でも、インターネットでは激しい喧嘩になってしまうこともあります。最悪の場合、人間関係の破たんにつながったり、周囲からの信頼を失う可能性もあります。

また、学校ではLINEなどのSNSを介したやりとりから、特定の生徒に対するいじめにつながるという事態も発生しています。顔が見えなくても、自分が人間の相手をしていることを念頭に置きましょう。

ネットの意見が正しいとは限らない

いまや、SNSの「いいね!」やツイッターのフォロー数が、モノの売れ行きや芸能人の人気を左右しています。災害後のデマがネットであっという間に拡散し、人々の不安を増大させたこともありました。ネットでの政治的な意見が選挙結果に影響するなど、ネットの影響力は大きくなっています。

マスメディアが意図的にうその情報を流すフェイクニュースも、ネットの影響力を利用しています。このように、ネットに流れる情報の中には、正しいか正しくないかを判断するための根拠が希薄なのに広く拡散しているものが多く見られます。内容の正しさよりも、写真や音楽の魅力で説得力を得ていると考えられる情報も少なくありません。

ネットで多数の支持を得ている情報でも、それはネットだけでの支持かもしれません。「ネットの意見が正しいとは限らない」、これを忘れずに対処したいものです。

気軽な引用が問題を引き起こす例も

何か調べものをするとき、真っ先にインターネットで検索するのは、誰でもやっていることでしょう。

ただし、その情報を利用する際は注意が必要です。インターネットで得た情報をそのまま、あるいは少し手を加えた程度で引用して、自分の作品としてコンクールに応募する、自作の論文として専門誌に投稿する、学校の宿題として提出するなどの行為は盗用であり、後々に大問題になる可能性があります。

インターネットからの盗用が原因で、地位や職を失った事件もあります。インターネット上の情報にも著作権があることを忘れないようにしましょう。

ネット中毒、SNS依存症の危険

以前から、インターネットに依存しすぎるネット中毒は問題視されていました。近年はSNSの普及にともない、新たなタイプの中毒が現れています。SNSに熱中するあまり、頻繁に確認しないとイライラする、「いいね!」されないと不安になる、それがもとで仕事や学業に支障が出る**SNS依存症**です。

また、**SNS疲れ**になる人も増えています。SNSで仲間外れにされたくないのでこまめにチェックし、「いいね!」をクリックし、コメントを返し、ネタを探して投稿する…という生活を繰り返すうちに、精神的に消耗するというものです。

SNSで友達が増えるのは楽しいですが、「いいね!」ばかりがすべてではありません。日常生活に悪影響がおよぶほどのめり込むのは危険です。適度に距離を置いた利用を心がけましょう。

問題が起こる可能性を意識して利用する

SNSやメール、掲示板をはじめとするインターネット上のサービスには、さまざまな危険性が潜んでいます。利用法を間違えると、それこそ人生を棒に振ってしまうこともあるでしょう。

ただし、現在の世の中で、これらの便利なサービスをまったく利用しないというのも非現実的です。危険性があることを知り、その原因を把握することにより、上手な利用方法を模索していくことが必要です。

まず、利用するサービスの内容をよく知ることから始めましょう。次に、利用時間を可能な限り減らすようにしましょう。依存症の兆候を他人から指摘されたり、自分でも何かおかしいなと思ったら、勇気を持っていったん休むのもよいでしょう。

そして、自分の意見を書き込むときは、その内容が社会的に問題がないか、法律に触れないか、他人を不快にしないかなど、もう一度考えてから書き込むようにしましょう。

INDEX

■か行

■さ行

■た行

■な行

■は行

■ま行

■や・ら・わ行

■著者プロフィール

丹羽 信夫（にわ のぶお）

ITジャーナリスト、電脳執筆家、フリープログラマー。

ビル・ゲイツ氏や故スティーブ・ジョブズ氏と同じ1955年に生まれる。群馬県在住。1980年代後半から1990年代前半にかけて、パソコンを題材にした多数のキレ味鋭い文章や独特のプログラムを発表。仮想のソフトウェア製作者集団『低レベルソフトウェア研究所』を設立。当時のパソコン好きの人々に絶大な影響を与えた。その後、電脳執筆家、ITジャーナリスト、フリーのプログラマーとして各種メディア上で活躍している。

https://niwasoft.tokyo/

■イラストレーター

Kaoru Walker（カオル ウォーカー）

札幌産まれ。京都精華大学卒業。「岩佐カオル」で、リクルートの雑誌でデビュー。02年、銀座にてsound falls展開催。03年、philadelphiaでグループ展参加。04年、東京での生活にピリオドを打ち、大好きな北海道に帰郷。08年、Kaoru Walkerに改名。現在カナダ人の夫と野を駆け巡りながら愉快に暮らしています。主に雑誌や広告、書籍、web等のイラストレーションを手がけています。好きな物はキャンプとパウダースノーと猫と手作りです。

http://www.guitarelapin.com/

テクニカルイラスト●大石誠／イラスト工房
本文・カバーイラスト● Kaoru Walker
カバーデザイン●坂本真一郎（クオルデザイン）
本文デザイン・DTP ● SeaGrape
編集●田村佳則

かんたんパソコン入門（にゅうもん）　[改訂（かいてい）7版（はん）]

1995年9月10日　初　版　第1刷発行
2019年2月　2日　第7版　第1刷発行

著者　丹羽（にわ） 信夫（のぶお）
発行者　片岡 巌
発行所　株式会社技術評論社
東京都新宿区市谷左内町 21-13
電話　03-3513-6150　販売促進部
電話　03-3513-6160　書籍編集部
印刷／製本　大日本印刷株式会社

定価はカバーに表示してあります。

ISBN978-4-297-10293-7 C3055
Printed in Japan